Schnelleinstieg in die Produktionsprozesse (PP) in SAP® ERP und S/4HANA

3., erweiterte Auflage

Björn Weber
Nikolaus Fankhauser

Willkommen bei Espresso Tutorials!

Unser Ziel ist es, SAP-Wissen wie einen Espresso zu servieren: Auf das Wesentliche verdichtete Informationen anstelle langatmiger Kompendien – für ein effektives Lernen an konkreten Fallbeispielen. Viele unserer Bücher enthalten zusätzlich Videos, mit denen Sie Schritt für Schritt die vermittelten Inhalte nachvollziehen können. Besuchen Sie unseren YouTube-Kanal mit einer umfangreichen Auswahl frei zugänglicher Videos:

https://www.youtube.com/user/EspressoTutorials.

Kennen Sie schon unser Forum? Hier erhalten Sie stets aktuelle Informationen zu Entwicklungen der SAP-Software, Hilfe zu Ihren Fragen und die Gelegenheit, mit anderen Anwendern zu diskutieren:

http://www.fico-forum.de.

Eine Auswahl weiterer Bücher von Espresso Tutorials:

Bibliografische Information der Deutschen Nationalbibliothek
Die Deutsche Nationalbibliothek verzeichnet diese Publikation in der Deutschen Nationalbibliografie; detaillierte bibliografische Daten sind im Internet über https://portal.dnb.de abrufbar.

Björn Weber, Nikolaus Fankhauser
Schnelleinstieg in die Produktionsprozesse (PP) in SAP® ERP und S/4HANA – 3., erweiterte Auflage

ISBN: 978-3-960120-35-3

Lektorat: Christine Weber / Anja Achilles

Korrektorat: Bernhard Edlmann Verlagsdienstleistungen, Raubling

Coverdesign: Philip Esch

Coverfoto: © hamikus | ID 641086346 istockphoto.com

Satz & Layout: Tanja Jahns

3. Auflage 2021

URL: *www.espresso-tutorials.de*

Feedback:
Wir freuen uns über Fragen und Anmerkungen jeglicher Art. Bitte senden Sie diese an: *info@espresso-tutorials.com*.

Inhaltsverzeichnis

Vorwort

Sehr geehrte Leserin, sehr geehrter Leser,

Sie haben sich für ein Tutorial zum Thema »Produktionsplanung in SAP S/4HANA« entschieden. Dies legt zweierlei nahe: Zum einen steht Ihnen (vermutlich) nicht der Sinn nach langen, ausschweifenden Büchern zur SAP-Standardsoftware. Zum anderen haben Sie ein Interesse an der Produktionsplanung, sei es durch Ihr Studium oder bedingt durch Ihren Beruf, und möchten erfahren, wie diese in SAP S/4HANA umgesetzt ist. Im Unterschied zu den beiden ersten Auflagen dieses Buches werden sämtliche Prozesse mit SAP-Fiori-Apps durchgespielt. Fiori ist ein UI5-Framework, das die Bedienung von SAP S/4HANA erleichtern soll und auch für mobile Geräte geeignet ist. In diesem Zusammenhang werden Sie zudem neue Auswertungen und Bearbeitungsmöglichkeiten kennenlernen, die mit SAP Fiori eingeführt wurden.

In den letzten Jahrzehnten hat die Produktionsplanung, wie überhaupt die gesamte industrielle Produktion, einen grundlegenden Wandel erfahren. Während in der Wirtschaftswunderzeit lange Lieferzeiten und eine begrenzte Produktauswahl, der sogenannte Verkäufermarkt, bestimmend waren, sind es gegenwärtig eine unüberschaubare Menge unterschiedlicher Angebote sowie eine kurzfristige Verfügbarkeit innerhalb nur weniger Tage, selbst bei kundenindividuellen Angeboten. Heutzutage herrscht ein Käufermarkt vor.

Diesen geänderten Gegebenheiten musste und muss sich die Produktionsplanung nach wie vor anpassen. Wo früher nur eine korrekte Berechnung der Komponentenbedarfsmengen (MRP: Material Requirements Planning) und eine möglichst hohe Auslastung der Produktionsressourcen für die Planung von Bedeutung waren, sind die Anforderungen heute ungleich höher. Natürlich sollen die Ressourcen noch immer bestmöglich genutzt werden. Gleichzeitig müssen jedoch die Produktion und damit auch die Planung hochgradig flexibel sein, um die Realisierung kurzfristiger Kundenwünsche ermöglichen zu können. Diese an und für sich schon konträren Ziele werden mit der Erwartung einer hohen Verlässlichkeit der Planung – also Termintreue – verknüpft. So wird die Planung immer komplexer und ist ohne Software-Unterstützung in der Regel nicht mehr zu leisten. Hier setzen das Modul PP (Produktionsplanung) von SAP und andere Planungsprogramme an. Mit ihrer Hilfe können Produktionspläne generiert werden, die den genannten Rahmenbedingungen und Zielen entsprechen sowie deren Umsetzung überwachen.

Das erwartet Sie in diesem Buch

In diesem Buch werden Ihnen die Grundlagen der Produktionsplanung in SAP S/4HANA vorgestellt. In Kapitel 1 möchten wir Ihnen die dem Modul PP zugrunde liegenden Planungskonzepte darlegen und ein Beispiel skizzieren, das den nachfolgenden Kapiteln als Ausgangsbasis für die Prozessbeschreibungen dient. Dabei gehen wir nicht nur auf das Manufacturing Resource Planning (MRP II), sondern ebenfalls auf die planungsbestimmende Klassifizierung von Produkten anhand des Kundenentkopplungspunktes ein und erläutern in diesem Zusammenhang die Produktionsansätze Engineer-to-Order, Make-to-Order, Assemble-to-Order und Make-to-Stock.

In Kapitel 2 erhalten Sie eine kurze Einführung in die Welt von SAP Fiori. Sie erfahren, wie die Startseite des Fiori Launchpad (also der Web-Oberfläche, die mit der Einstiegsseite der SAP GUI vergleichbar ist) nach eigenen Bedürfnissen gestaltet werden kann und was zu tun ist, um verschiedene Fiori-Apps nutzen zu können.

Auf den Grundlagen der beiden ersten Kapitel aufbauend wird in Kapitel 3 erklärt, wie in der Konstruktions- und Arbeitsvorbereitungsphase die für die Planung notwendigen Stammdaten in SAP S/4HANA angelegt werden und welche Bedeutung diese jeweils für die Produktionsplanung und steuerung besitzen.

Wie Sie in SAP S/4HANA Absatzzahlen prognostizieren können und von diesen ausgehend ein Produktionsprogramm erstellen, zeigen wir Ihnen in Kapitel 4.

Auf Basis dieser Erläuterungen lernen Sie in Kapitel 5 die Funktion der Mengenbedarfsplanung und deren Realisierung kennen. Sie erfahren, welchen Einfluss die festgelegten Stammdaten auf die Planung haben und wie Sie deren Ergebnisse selbstständig analysieren können. In diesem Kontext gehen wir auf die Neuerungen des MRP-Laufs in SAP S/4HANA ein und erklären die Unterschiede zum MRP-Lauf in SAP R/3.

Im anschließenden Kapitel 6 werden Ihnen die Fertigungssteuerung und die dabei verwendeten Fertigungsaufträge vorgestellt. Sie lernen, wie diese Elemente aufgebaut sind und welche Schritte Sie im Laufe der Produktion durchlaufen. Zum Abschluss werden wir Ihnen in Kapitel 7 zeigen, wie in SAP ein Kapazitätsabgleich durchgeführt werden kann.

Dieses Buch soll Ihnen einen anschaulichen Einstieg in die Planungsprozesse mit SAP S/4HANA bieten und Ihnen helfen, anstehende Aufgaben besser zu erfüllen. Schauen Sie aber auch über das hier beschriebene Vorgehen hinaus und probieren Sie andere Funktionen aus, um Prozesse noch effektiver zu gestalten. Letztendlich führen viele Wege nach Rom.

Danksagung

Dieses Buch ist all jenen gewidmet, die mit offenen Augen durch die Welt gehen und immer wieder von Neuem bereit für Veränderungen sind.

Björn Weber: Meiner Frau und Lektorin danke ich für ihre Geduld und das Verständnis im Entstehungsprozess dieses Buches, sodass es mir gelang, mich auch in stressigen Zeiten auf das Essenzielle dieses Manuskriptes zu fokussieren.

Nikolaus Fankhauser: Meiner Frau Anna möchte ich herzlich dafür danken, dass sie mich zu jeder Zeit bei der Arbeit an diesem Buch unterstützt hat, und so auch in Kauf nahm, dadurch weniger Zeit mit mir verbringen zu können.

Ebenso bedanke ich mich recht herzlich bei Anja Achilles für die Arbeit als Lektorin und ihre wertvollen Tipps!

An dieser Stelle möchten wir ebenfalls Jörg Siebert und Martin Munzel für ihre außergewöhnliche Vision danken, wichtigen SAP-Content in Bücher zu verpacken, die keine dicken Wälzer sein müssen.

Wir hoffen, dass sich auf diesem Wege viele Anwender, die ansonsten häufig vor der Rezeption umfangreicher Fachbücher zurückschrecken, mit den breit gefächerten Möglichkeiten dieser Software beschäftigen. Ziel dieses Buches soll sein, dass diese Anwender und auch Sie, werter Leser, sich trauen, die oft ausgetretenen Pfade zu verlassen und sich kritisch zu fragen: Können wir das, was wir – vielleicht seit der Einführung von SAP – bisher tun, nicht sogar noch verbessern? Wir hoffen, wir können mit diesem Werk einen Beitrag dazu leisten.

In dem Text sind Kästen eingefügt, um wichtige Informationen besonders hervorzuheben. Jeder Kasten ist zusätzlich mit einem Piktogramm versehen, das diesen genauer klassifiziert:

Hinweis

Hinweise bieten praktische Tipps zum Umgang mit dem jeweiligen Thema.

! Achtung

Warnungen weisen auf mögliche Fehlerquellen oder Stolpersteine im Zusammenhang mit einem Thema hin.

Die Form der Anrede

Um den Lesefluss nicht zu beeinträchtigen, verwenden wir im vorliegenden Buch bei personenbezogenen Substantiven und Pronomen zwar nur die gewohnte männliche Sprachform, meinen aber gleichermaßen Personen weiblichen und diversen Geschlechts.

Hinweis zum Urheberrecht

Sämtliche in diesem Buch abgedruckten Screenshots unterliegen dem Copyright der SAP SE. Alle Rechte an den Screenshots hält die SAP SE. Der Einfachheit halber haben wir im Rest des Buches darauf verzichtet, dies unter jedem Screenshot gesondert auszuweisen.

1 Produktionsplanung

»Nicht nachbedenken, sondern vorbedenken soll der weise Mann.« (Epicharm, um 550 v. Chr. bis 460 v. Chr.)

In diesem Kapitel möchten wir Ihnen die Grundlagen der im SAP-System verwendeten Planungsansätze darlegen. Des Weiteren stellen wir Ihnen die wichtigsten Planungsstrategien vor und skizzieren das in den folgenden Kapiteln verwendete Beispiel.

1.1 Planungsansätze

MRP II (*Manufacturing Resource Planning)* ist ein Planungskonzept, das aus der Mengenbedarfsrechnung (MRP) weiterentwickelt worden ist. Ausgehend von der Mengenrechnung, wurden hierbei vorhergehende und nachfolgende Planungsschritte definiert, die eine ganzheitliche Produktionsplanung ermöglichen sollten.

So wurden die Absatz- und Produktionsgrob- sowie die Produktionsprogrammplanung zur Festlegung der Primärbedarfsmengen vor die Mengenbedarfsrechnung gestellt, während zur Feinplanung die Terminierung unter Berücksichtigung begrenzter Kapazitäten an die MRP angefügt wurde. Abbildung 1.1 zeigt alle Phasen des MRP-II-Konzeptes, auf die wir im Folgenden vertiefend eingehen werden.

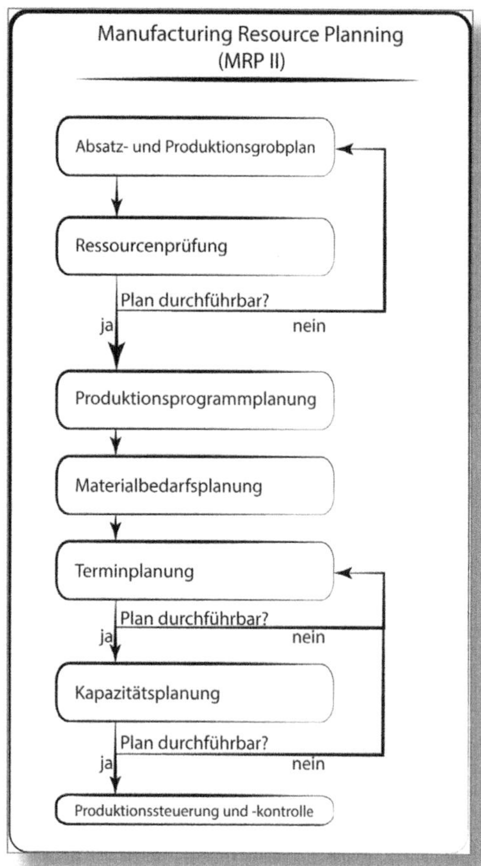

Abbildung 1.1: Planungsphasen des MRP-II-Konzeptes

Die Absatzplanung stellt eine Mengenaufstellung der geplanten Verkäufe von Produkten und Ersatzteilen dar. Sie kann sowohl auf aggregierter Ebene als auch auf Basis einzelner Materialien erfolgen. Als Aggregationsebenen kommen z. B. Produktgruppen, Kunden sowie geografische Regionen infrage. Zeitlich lassen sich die Bedarfe beispielsweise als Wochen, Monate oder Quartale darstellen. Im Rahmen der *Produktionsgrobplanung* werden zu den ermittelten Absatzzahlen Produktionsmengen gebildet. Dabei können für eine möglichst akkurate Planung schon Bestandsreichweiten oder Produktionsintervalle berücksichtigt werden. Mithilfe von Grobplanungsprofilen lassen sich nun Belastungen erzeugen, um die Realisierbarkeit der Planung abzuschätzen. Diese Profile bilden den Ressourcenbedarf auf aggregierter Ebene ab und ermöglichen in Verbindung mit dem Kapazitätsangebot der entsprechenden Ressourcen eine erste Analyse hinsichtlich der Durchführbarkeit. Deren Ergebnis kann zu einer Überprüfung der Absatzvorgaben gemeinsam mit dem Vertrieb führen oder den Anreiz zur Planung von Investitionen in eine Erhöhung der Kapazitäten geben.

Anschließend erfolgt die Übergabe der plausibilisierten Bedarfszahlen an die Programmplanung. Hier werden die Bedarfe aufgeschlüsselt, welche bisher auf aggregierter Ebene (zeitlich wie hierarchisch) vorlagen. Dabei sind Sie nicht auf eine Gleichverteilung beschränkt, sondern können bspw. auch eine Verteilung entsprechend den Verbräuchen der Vergangenheit nutzen. Die nun verfügbaren *Planprimärbedarfe* auf Materialebene werden mit den eventuell bereits konkreten Kundenaufträgen verrechnet. Wie und in welchem Zeitraum dieser Abgleich erfolgt, bestimmt auch die für dieses Material festgelegte *Planungsstrategie* (vgl. Abschnitt 1.2).

Aus den Primär-, also den Plan- und Kundenbedarfen, ermittelt die Materialbedarfsplanung die notwendigen Mengen an Baugruppen, Komponenten, Normteilen und Rohstoffen. Dazu werden *Produktionslose* gebildet. Diese Planelemente haben einen Endtermin, eine Durchlaufzeit und eine Stückliste. Mit diesen Werten werden die Termine errechnet, zu denen die Mengen benötigt werden. Es erfolgt eine Verrechnung dieser Bedarfe mit den vorhandenen Beständen und den erwarteten Zugängen, um die möglicherweise noch zu beschaffende Materialmenge zu berechnen. Sollten im Rahmen der Durchlaufterminierung Zugangselemente erzeugt werden, welche die sie verursachenden Bedarfe nicht rechtzeitig decken können, so wird dies protokolliert, und der Disponent kann z. B. prüfen, ob sich die Durchlaufzeit verkürzen lässt. Sollte Letzteres nicht möglich sein, kann er eine Anpassung der Primärbedarfe an den ermittelten Engpass initiieren. Auf diese Weise ist an dieser Stelle die zweite Prüfebene der Realisierbarkeit gegeben.

Bevor die Fertigung mit der Umsetzung der Planung beginnt, kann der Disponent eine Kapazitätsplanung durchführen. Dabei vergleicht er die von den Bedarfsdeckern verursachten Kapazitätsbedarfe mit den zur Verfügung stehenden Kapazitätsangeboten. Wenn sich hierbei Überlastungssituationen abzeichnen, kann er mithilfe einer Plantafel eine gezielte Reihenfolgeplanung gegen das begrenzte Kapazitätsangebot durchführen und so die Überlastung auflösen. Es kann passieren, dass Zugangstermine für Komponenten hinter den Bedarfstermin rutschen. Dies kann eine Iteration der Mengenplanung erfordern.

Die Fertigungssteuerung überwacht und korrigiert die Durchführung der Produktion. Dazu gehören die Anlage und Freigabe von Fertigungsaufträgen, das Drucken der Fertigungspapiere sowie die Rückmeldung des Fertigungsfortschritts. Insbesondere Letzteres ist für die Disponenten von besonderer Relevanz, da sie anhand der Rückmeldungen erfahren, ob der Plan ordnungsgemäß abgearbeitet wird oder einer Anpassung bedarf.

Wie Sie sehen, ist das MRP-II-Konzept in Phasen unterteilt, die zwar interne Prüfschleifen aufweisen, untereinander aber lediglich durch eine gerichtete Weitergabe von Werten verknüpft sind. Dieser Aufbau hatte in den Anfängen der IT-Systeme, als Prozessorleistung und Arbeitsspeicher ernst zu nehmende Restriktionen darstellten, den ungemeinen Vorteil, dass jede Phase für sich betrachtet und modelliert werden konnte. Die entsprechend begrenzte Komplexität ermöglichte es, Systeme zu programmieren, die in endlicher Zeit Lösungen berechnen konnten. Infolgedessen etablierte sich der MRP-II-Ansatz in den meisten Unternehmensprogrammen.

Heutzutage wird versucht, eine Verknüpfung von Mengen- und Kapazitätsplanung zu erreichen. Hierbei kommen unterschiedliche Ansätze zum Einsatz:

- Heuristiken,
- lineare Optimierung,
- komplexe Plantafeln.

Doch auch in den vorgelagerten Prozessen der Absatz- und Produktionsgrobplanung gibt es Weiterentwicklungen zur Vereinfachung der Planungsaktivitäten:

- weniger Aggregationsebenen,
- Berücksichtigung von logistischen Kapazitäten,
- detailliertere Bedarfsprofile.

1.2 Planungsstrategien

Ein für die Planung entscheidendes Kriterium ist der *Kundenentkopplungspunkt*. Dieser beschreibt einerseits, ab welchem Schritt in der Wertschöpfungskette der Kundenauftrag die Beschaffung »zieht«, ab wann also klar ist, für welchen Kunden etwas produziert wird. Andererseits definiert er, bis zu welchem Schritt die Beschaffung aus einer Vorplanung oder einer Prognose heraus »geschoben«, d. h. nur anonym produziert wird (siehe Abbildung 1.2).

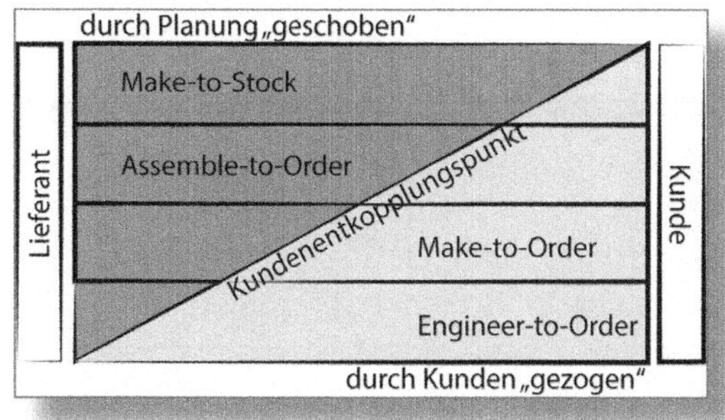

Abbildung 1.2: Planungsstrategien und Kundenentkopplungspunkt

Make-to-Stock beschreibt die einfachste Planungsstrategie. Bei dieser wird ein Produkt, bis es im Versandlager eintrifft, nur aufgrund einer Vorplanung inklusive aller Komponenten beschafft und gefertigt. Diese Strategie ermöglicht eine gut aufeinander abgestimmte Produktion aller Komponenten sowie eine hohe Auslastung der Produktionsmittel und gewährleistet von allen Strategien die kürzesten Lieferzeiten. Diesen Vorteilen steht allerdings das Risiko einer Überproduktion und der daraus resultierenden zu hohen Bestände gegenüber. Aber auch eine knappe Planung kann problematisch sein, da sie die Flexibilität der Fertigung (häufig) einschränkt. Dann können eine drohende Unterdeckung kaum verhindert und damit die erwartete Lieferzeit nicht oder nur schwerlich realisiert werden.

Mithilfe der Strategie *Assemble-to-Order* wird versucht, das Bestandsrisiko etwas abzumildern. Dazu werden lediglich die Komponenten planungsgetrieben beschafft bzw. gefertigt. Die Montage hingegen erfolgt erst nach Eingang eines Kundenauftrags. Wie stark der erhoffte Effekt der geringeren Bestände ist, hängt maßgeblich davon ab, wie hoch der Wertschöpfungsanteil der Montage ist. Auch gilt: Je variantenreicher ein Produkt, desto größer ist der Nutzen dieser Strategie, da kein so hoher Wert in den weniger benötigten Varianten gebunden ist. Voraussetzung zur erfolgreichen Umsetzung dieser Strategie ist eine flexible Montage, mit deren Hilfe die Kundenanforderungen an die Lieferzeit umgesetzt werden können.

Als *Make-to-Order* bezeichnet man den Ansatz, bei dem fertig konstruierte und für die Produktion aufbereitete Produkte erst auf Kundenwunsch hin gefertigt werden. Da in der Regel nicht mehr als der Rohstoff im Unternehmen gelagert wird, ist die Lieferzeit bei dieser Strategie deutlich länger als bei den vorhergehenden Ansätzen. Um dennoch eine vom Kunden geforderte kurze Lieferzeit zu ermöglichen, müssen die Maschinen – und insbesondere die Mitarbeiter – flexibel, also bei Bedarf einsetzbar sein. Ein Vorteil besteht darin, dass das Bestandsrisiko bei diesem Ansatz minimiert ist.

Engineer-to-Order schließlich beschreibt ein Konzept für vom Kunden beauftragte Produkte, die bei Auftragseingang noch nicht konstruiert sind und einzeln gefertigt werden müssen. Diese Strategie impliziert die längste Lieferzeit der vorgestellten Ansätze, und für die Planung wird noch ein anderes Problem sichtbar: Da ein geordertes Produkt bislang noch nicht genau definiert wurde, fällt die genaue Planung des Liefertermins besonders schwer.

Normalerweise wird man sich mit Erfahrungswerten ähnlicher Produkte behelfen, um die Lieferzeit zu ermitteln. Doch was ist mit den Komponenten? Ihre Beschaffung kann erst gestartet werden, wenn die Konstruktion abgeschlossen ist. Zu hoch ist die Gefahr, dass dieses eine Mal beispielsweise nicht der Standardstahl, sondern ein besonderer verwendet wird. Dieses spezielle Material bzw. das außergewöhnliche Kaufteil stellen das größte Risiko für die Termineinhaltung dar. Wenn erst nach der Konstruktion klar ist, was benötigt wird, ist es manchmal für eine pünktliche Bestellung schon zu spät.

Tabelle 1.1 zeigt eine Gegenüberstellung der Vor- und Nachteile dieser vier Produktionsstrategien.

	Wiederbeschaffungszeit	Bestandsrisiko	Produktionsflexibilität
Make-to-Stock	nicht vorhanden	hoch	gering
Assemble-to-Order	gering	gering	mittel
Make-to-Order	hoch	nicht vorhanden	hoch
Engineer-to-Order	sehr hoch	nicht vorhanden	hoch

Tabelle 1.1: Vor- und Nachteile der Produktionsstrategien

1.3 Definition des Beispiels

Im weiteren Verlauf des Buches werden wir Ihnen anhand eines Beispiels die einzelnen Prozesse zur Produktionsplanung im SAP-System aufzeigen. Damit Sie die Abbildungen aus den einzelnen Transaktionen bzw. Apps besser nachvollziehen und einordnen können, stellen wir Ihnen zunächst kurz das verwendete Beispielprodukt vor.

In diesem Buch soll es um ein Fahrrad gehen. Wir betrachten also ein Unternehmen, das Fahrräder herstellt. Die Produktion erfolgt nach der Make-to-Stock-Strategie (siehe Abschnitt 1.2). Das bedeutet, dass für das verkaufsfähige Produkt Planprimärbedarfe des Vertriebes vorhanden sind, die den erwarteten Absatz darstellen. Da das Fahrrad unseres Beispiels in Teilen neu konstruiert werden soll, sind zu Beginn der Planung noch nicht alle Stammdaten angelegt. Bevor die Produktionsplanung erfolgen kann, müssen diese also noch erstellt werden.

Das Fahrrad in unserem Beispiel hat die Materialbezeichnung ET-F-WT500. Es besteht aus einem Rahmen komplett (ET-1010), der selbst hergestellt wird, sowie einem Vorder- (ET-1005) und einem Hinterrad (ET-1006), zwei Pedalen (ET-1007), der Fahrradkette (ET-1013) sowie der Gangschaltung komplett (ET-1014). Die zuletzt genannten Komponenten werden alle von anderen Zulieferern gekauft. Die Baugruppe Fahrradrahmen komplett besteht aus dem Rahmen (ET-1011), der Gabel (ET-1012), dem Sattel (ET-1003) und dem Lenker (ET-1004). Eine Skizze für den Zusammenbau sehen Sie in Abbildung 1.3. Neu entwickelte Teile sind:

- ET-F-WT500 – Fahrrad WT500,
- ET-1014 – Gangschaltung KP,
- ET-1011 – Fahrradrahmen und daher auch
- ET-1010 – Fahrradrahmen KP.

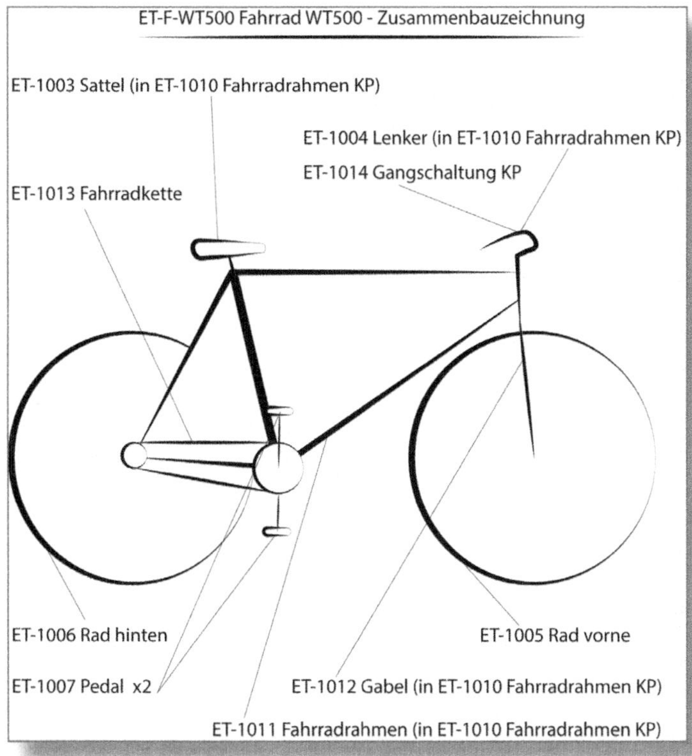

Abbildung 1.3: Darstellung des Beispielproduktes

SAP S/4HANA kennt unterschiedliche organisatorische Elemente, wovon das *Werk* das für die Produktion und deren Planung entscheidende ist. Sämtliche Prozesse für dieses Beispiel erfolgen im Werk 1010. Alle weiteren relevanten Stammdaten und Definitionen sind im folgenden Kapitel zu finden.

2 Einstieg in SAP Fiori

Wo immer möglich, wird in diesem Buch mit Fiori-Apps gearbeitet und nur in Ausnahmefällen auf SAP GUI zurückgegriffen. Dieses Kapitel soll Ihnen einen kurzen Überblick über die wichtigsten Funktionen der Fiori-Welt geben.

2.1 Grundfunktionen von SAP Fiori

Das *Fiori Launchpad* ist der zentrale Ausgangspunkt, wenn mit Fiori-Apps gearbeitet wird. Sie können das Launchpad mittels der Transaktion */n/ui2/flp* aus der SAP GUI aufrufen. Es öffnet sich daraufhin ein Webbrowser mit der Fiori-Launchpad-Startseite (siehe Abbildung 2.1). Um direkt aus dem Browser heraus das Fiori Launchpad Ihres SAP-Systems öffnen zu können, speichern Sie sich den Link als Favoriten in Ihrem Browser. Sobald Sie zukünftig diese Seite aufrufen, landen Sie auf dem Anmeldeformular gemäß Abbildung 2.2.

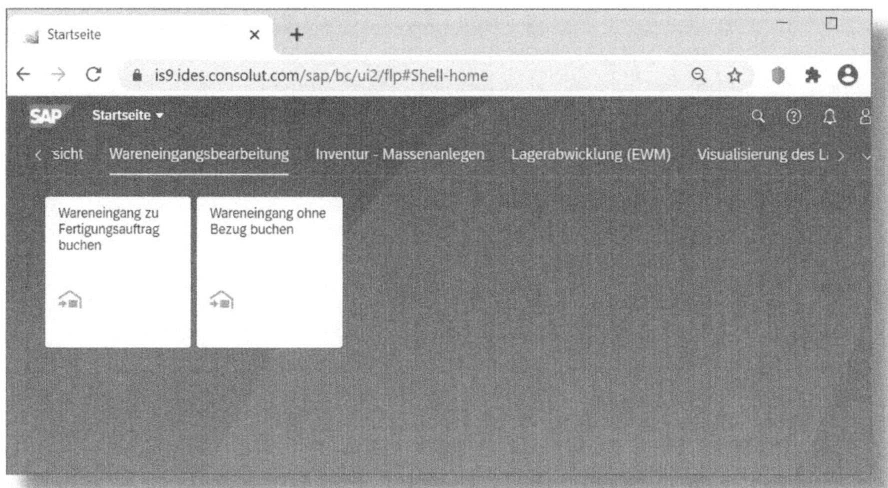

Abbildung 2.1: Fiori Launchpad, Startseite

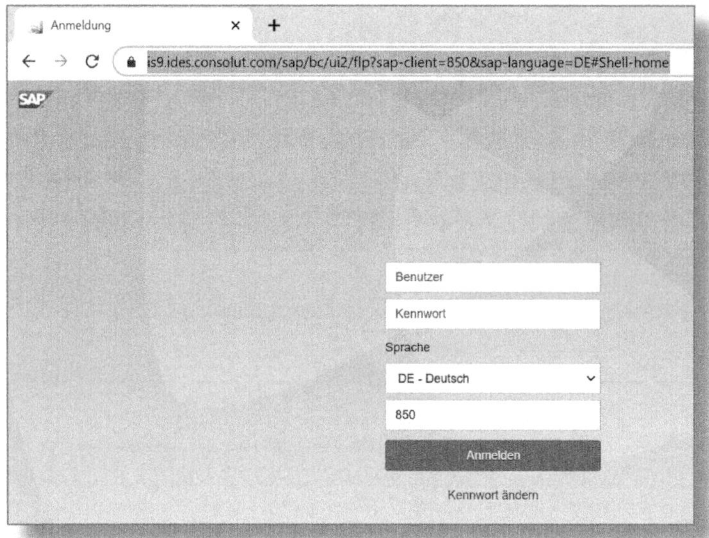

Abbildung 2.2: Fiori Launchpad, Anmeldeformular

Welche Fiori-Apps Ihnen in Form von »Kacheln« auf Ihrer Startseite angezeigt werden, hängt von den Business-Rollen ab, die Ihrem User in SAP S/4HANA (z. B. über Transaktion *SU01*) zugeordnet sind. Sie haben aber auch die Möglichkeit, die Startseite des Fiori Launchpad nach Ihren Bedürfnissen aufzubereiten. Dazu klicken Sie auf STARTSEITE BEARBEITEN, wie in Abbildung 2.3 dargestellt.

Abbildung 2.3: Startseite bearbeiten

Die Startseite wechselt in den Änderungsmodus (siehe Abbildung 2.4), woraufhin Sie folgende Möglichkeiten haben:

- Einzelne Apps innerhalb einer Gruppe (eine Zusammenfassung von Kacheln) verschieben: Kachel mithilfe der linken Maustaste hin- und herziehen
- Neue Gruppe anlegen: Klick auf ➊
- Weitere App zur Gruppe hinzufügen: Klick auf ➋
- App in Gruppe löschen: Klick auf ➌

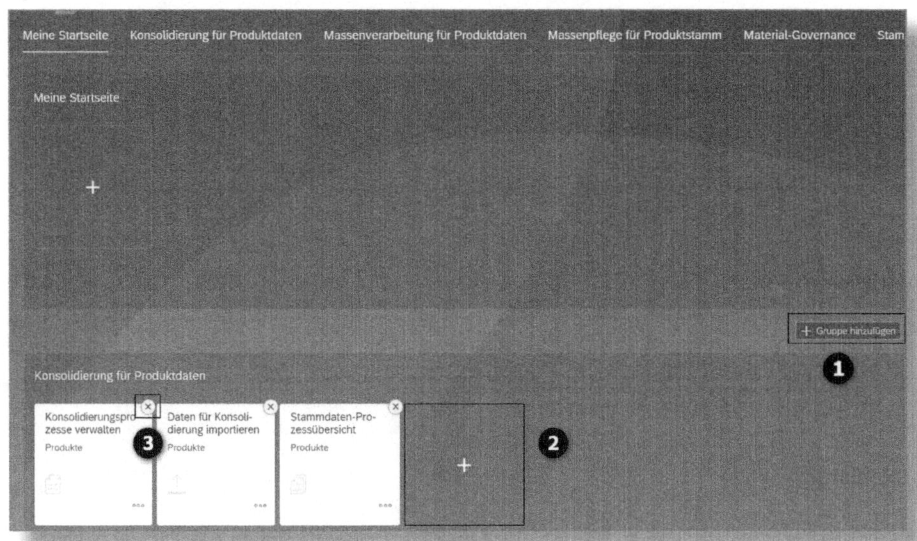

Abbildung 2.4: Bearbeiten der Fiori-Startseite

Wir wollen beispielhaft die App »Fertigungsauftrag anzeigen« unserer Startseite hinzufügen. Dazu klicken wir auf das Plus in unserer Gruppe MEINE STARTSEITE (siehe Abbildung 2.5).

Abbildung 2.5: Neue App zur Gruppe hinzufügen

Im sich öffnenden Fenster (Abbildung 2.6), auch *App Finder* genannt, geben wir im Suchfeld ❶ den Begriff *Fertigungsauftrag* ein. Daraufhin wird uns die gewünschte App unterhalb angezeigt, und wir können sie mit Klick auf ❷ unserer Startseite zuordnen.

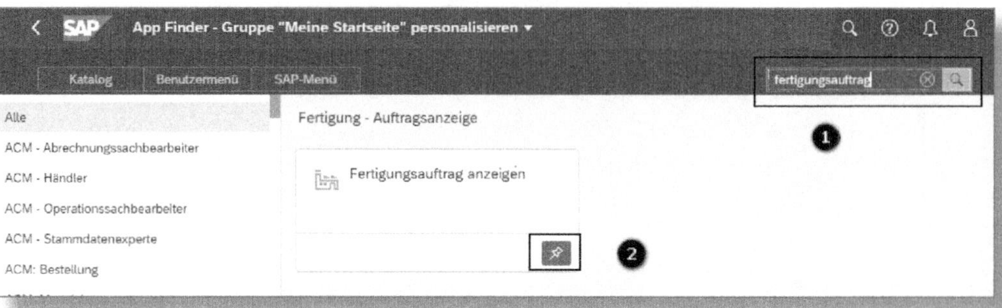

Abbildung 2.6: Volltextsuche Fertigungsauftrag

Das Ergebnis dieser Zuordnung sehen wir in Abbildung 2.7.

Wie dieses kurze Beispiel der Zuordnung zeigt, ist das Arbeiten im Fiori Launchpad recht intuitiv. Dennoch werden vor allem User mit langer SAP-Erfahrung in S/4HANA immer wieder auf die SAP GUI zurückgreifen, um im gewohnten Umfeld arbeiten zu können. Allerdings bietet die SAP mit der neuen Benutzeroberfläche SAP Fiori vor allem im Bereich von Auswertungen übersichtliche Apps an, die auf jeden Fall eine Bereicherung darstellen, wie Sie im Laufe dieses Buches sehen werden.

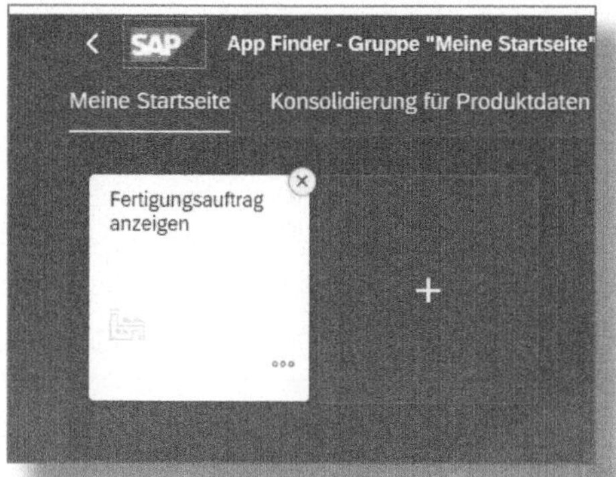

Abbildung 2.7: Meine Startseite nach Zuordnung

Um Apps im Launchpad möglichst schnell zu finden, die nicht unserer Startseite zugeordnet sein müssen, kann direkt mittels der Suchhilfe oberhalb der Menüleiste gearbeitet werden. Wiederum wollen wir beispielhaft nach der App »Fertigungsauftrag anzeigen« suchen und erhalten das Ergebnis aus Abbildung 2.8. Wenn der in der Suche eingegebene Begriff kein Ergebnis liefert, liegt das in den meisten Fällen an fehlenden Rollenzuordnungen oder Berechtigungen. Ebenso sollte die richtige Schreibweise kontrolliert werden. Hier erweist sich die automatische Vervollständigung als besonders nützlich.

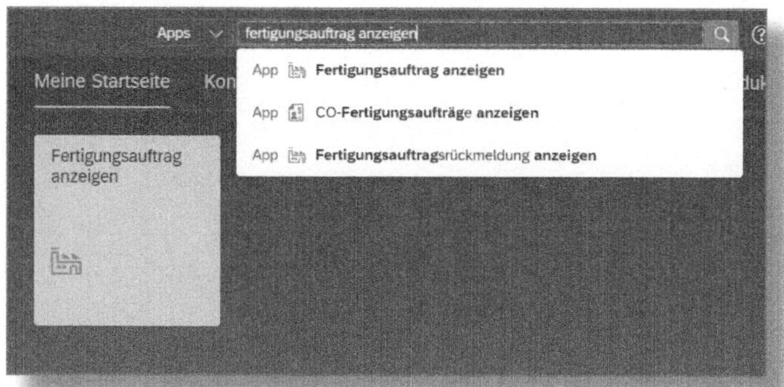

Abbildung 2.8: Suche nach »Fertigungsauftrag anzeigen«

Eine zentrale Rolle im Zusammenhang mit Fiori-Apps spielt die *Fiori Apps Library* der SAP. Sie bietet alle wichtigen Informationen zu jeder verfügbaren Fiori-Kachel und kann über den folgenden Link aufgerufen werden:

https://fioriappslibrary.hana.ondemand.com/sap/fix/externalViewer/#/home

Auf dieser Webseite besonders wichtig ist die Information, welchen Business-Rollen eine App zugeordnet ist. In Abbildung 2.9 wird die App »Fertigungsauftrag anzeigen« (beispielhaft über den Transaktionsnamen *CO03*) aufgerufen.

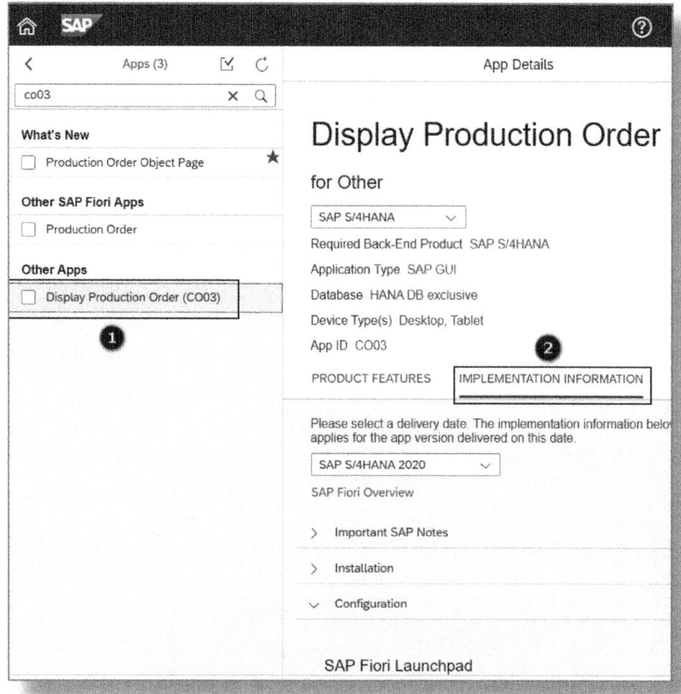

Abbildung 2.9: Aufruf von »Fertigungsauftrag anzeigen« in der Fiori Apps Library

Durch Klick auf ❶ wird uns die IMPLEMENTATION INFORMATION ❷ angezeigt, wo wir erfahren, in welchen Business-Rollen die App vorhanden ist. Dazu lassen wir uns die Details zur CONFIGURATION anzeigen (Abbildung 2.10).

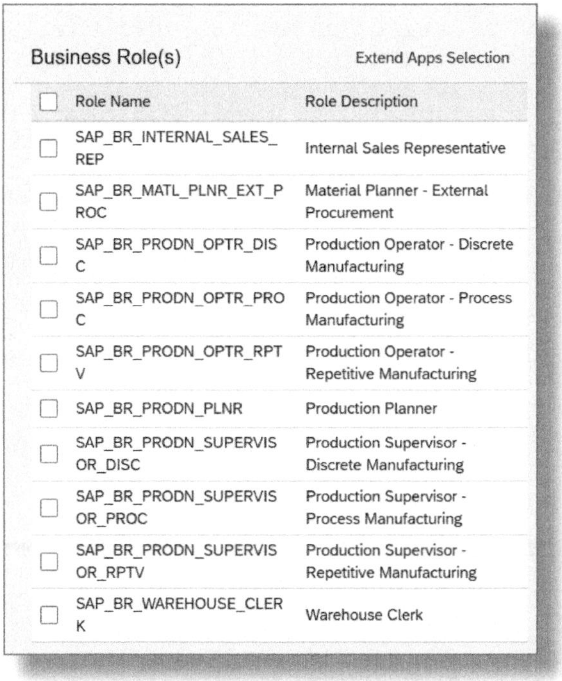

Business Role(s) Extend Apps Selection

Role Name	Role Description
SAP_BR_INTERNAL_SALES_REP	Internal Sales Representative
SAP_BR_MATL_PLNR_EXT_PROC	Material Planner - External Procurement
SAP_BR_PRODN_OPTR_DISC	Production Operator - Discrete Manufacturing
SAP_BR_PRODN_OPTR_PROC	Production Operator - Process Manufacturing
SAP_BR_PRODN_OPTR_RPTV	Production Operator - Repetitive Manufacturing
SAP_BR_PRODN_PLNR	Production Planner
SAP_BR_PRODN_SUPERVISOR_DISC	Production Supervisor - Discrete Manufacturing
SAP_BR_PRODN_SUPERVISOR_PROC	Production Supervisor - Process Manufacturing
SAP_BR_PRODN_SUPERVISOR_RPTV	Production Supervisor - Repetitive Manufacturing
SAP_BR_WAREHOUSE_CLERK	Warehouse Clerk

Abbildung 2.10: Business-Rollen zur App »Fertigungsauftrag anzeigen«

2.2 Zusammenfassung

In diesem Kapitel haben Sie einen kurzen Einblick in die Bedienung des Fiori Launchpad erhalten. Es wurde gezeigt, wie Sie das Launchpad aufrufen, welche Änderungen daran durchgeführt werden können und wie Sie gezielt nach Fiori-Apps suchen. Mithilfe dieser elementaren Kenntnisse der Anwendung von SAP Fiori sollten Sie in der Lage sein, die für das Buch benötigten Fiori-Apps Ihrem Launchpad zuzuordnen und zu verwenden. Spezielle Funktionen der jeweiligen Apps werden an den einschlägigen Stellen im Buch extra beschrieben.

Literaturhinweis

Eine ausführliche Beschreibung von SAP Fiori finden Sie im Buch »Schnelleinstieg in SAP S/4HANA« (Brunner/Munzel/Reichhardt, Espresso Tutorials, 2021).

3 Konstruktion und Arbeitsvorbereitung

Während der Phase der Konstruktion und Arbeitsvorbereitung erfolgt die Festlegung der Stammdaten, welche für die spätere Produktionsplanung und -steuerung benötigt werden.

In diesem Kapitel werden wir Ihnen die für die Planung erforderlichen Stammdaten und ihre Bedeutung näher erläutern. Zunächst skizzieren wir die Konstruktionsdaten »Materialstamm« und »Stückliste«, um die Basis für die Erläuterung der Produktionsdaten »Arbeitsplatz« und »Arbeitsplan« zu schaffen.

3.1 Materialstamm

In unserem Beispiel (vgl. Abschnitt 1.3) wurde ein neues Fahrrad designt, welches nun von der Konstruktionsabteilung detailliert werden soll. Dazu gehört, dass die Materialstammdaten und alle neuen Komponenten für das Produkt in SAP S/4HANA angelegt werden, um die Eingabe weiterer Stammdaten zu ermöglichen.

Der Materialstamm enthält grundlegende Angaben zur Beschreibung des Materials sowie Parameter zur Steuerung der Unternehmensprozesse. Er besteht aus mehreren Sichten, in denen die Werte ihren Geltungsbereichen (Konstruktion, Vertrieb, Produktion etc.) entsprechend gruppiert sind. Einzelne Perspektiven haben konzernweite Gültigkeit, andere beziehen sich auf bestimmte organisatorische Einheiten, wie z. B. ein Werk oder eine Einkaufsorganisation. Die Vertriebssicht enthält beispielsweise Daten, welche für den Vertriebsprozess wichtig sind, etwa Rabattgruppen. Diese Angaben gelten nur für die entsprechende Vertriebsorganisation. Die Buchhaltungssicht enthält beispielsweise Bewertungsklassen, um das Material für die Buchführung richtig einzuordnen, die nur für den entsprechenden Buchungskreis gelten.

Für die Produktionsplanung sind vier Sichten von Interesse:

- Grunddatensicht (konzernweit),
- Dispositionssicht (werksabhängig),
- Arbeitsvorbereitungssicht (werksabhängig) und
- Prognosesicht (werksabhängig).

Der Konstrukteur wird zunächst nur die Grunddatensicht erstellen können, während die restlichen Sichten im weiteren Verlauf der Arbeitsvorbereitung angelegt und gefüllt werden.

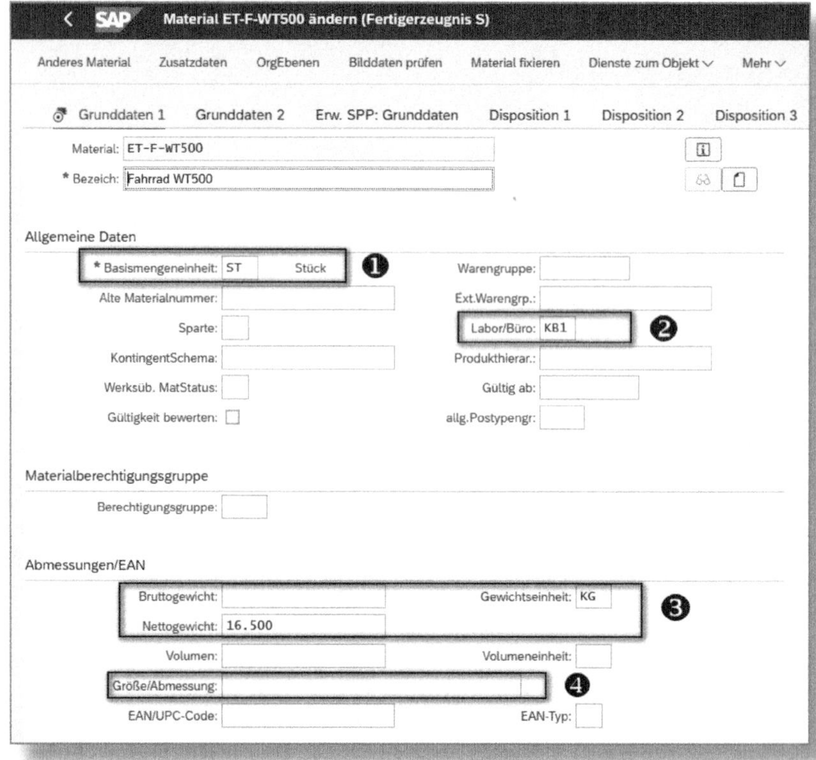

Abbildung 3.1: Materialstammsicht – Grunddaten 1

Die Sicht GRUNDDATEN 1 enthält elementare Informationen zu den Materialien (siehe Abbildung 3.1). Neben Materialnummer und Materialtext sind dies:

- die BASISMENGENEINHEIT ❶,
- das Kürzel der zuständigen Konstruktionsgruppe ❷,
- Angaben zum Gewicht ❸,
- Angaben zu GRÖSSE/ABMESSUNG ❹
- u. v. a.

Für das vorliegende Beispiel legt der Konstrukteur jetzt die Materialstämme für das komplette *Fahrrad ET-F-WT500*, den neuen Rahmen, die neue Gangschaltung und die neue Baugruppe »Fahrradrahmen KP« an. In SAP ERP ruft er hierzu je Material die Transaktion *MM01* auf (SAP MENÜ • LOGISTIK • PRODUKTION • STAMMDATEN • MATERIALSTAMM • MATERIAL • ANLEGEN ALLGEMEIN). In SAP S/4HANA würden Sie alternativ die App »Material anlegen« (siehe Abbildung 3.2) verwenden. In beiden Fällen öffnet sich das Einstiegsbild gemäß Abbildung 3.3.

Abbildung 3.2: Fiori-App »Material anlegen«

Material anlegen in SAP S/4HANA

In SAP S/4HANA wird üblicherweise nicht mehr mit Transaktionen gearbeitet, sondern mit Fiori-Apps. Um ein neues Material zu kreieren, verwenden Sie die App »Material anlegen«.

Abbildung 3.3: Material anlegen, Einstieg

Der Konstrukteur trägt nun die Materialnummer (für das fertige Fahrrad *ET-F-WT500*) ein und wählt die Branche (für das Fahrrad z. B. *Maschinenbau*) sowie die Materialart (hier *Fertigerzeugnis*) aus.

Nach dem Bestätigen mit `Enter` öffnet sich die erste Grunddatensicht (siehe Abbildung 3.1), auf welcher der Konstrukteur seine Konstruktionsgruppe *KB1* (steht hier beispielhaft für Konstruktionsbüro 1) im Feld Labor/Büro auswählt ❷, die Basismengeneinheit *ST* (für »Stück«) eingibt ❶ und das Nettogewicht ❸ sowie die Abmessungen ❹ aus seinen Konstruktionsunterlagen übernimmt. Auf dem Registerblatt Grunddatensicht 2 wird er für den Rahmen den Werkstoff (z. B. *Aluminium*) eintragen und Verweise zu seinen bereits abgelegten Konstruktionsdokumenten erstellen.

Alle weiteren Komponenten in unserem Beispiel sind von bestehenden Fahrrädern übernommen worden und brauchen folglich nicht mehr angelegt zu werden. Erst wenn alle Materialstämme in SAP erstellt sind, kann der Konstrukteur die *Stückliste* erzeugen.

Die weiteren drei Sichten werden entweder jetzt angelegt und mit nachfolgend zu konkretisierenden Standardwerten gefüllt oder gänzlich zu einem späteren Zeitpunkt von den verantwortlichen Arbeitsplanern bzw. Disponenten eingerichtet. Wir möchten sie Ihnen dennoch nachfolgend kurz vorstellen.

Die DISPOSITIONSSICHT bietet vier Registerkarten, über die alle Parameter zur Beschaffung des Materials eingestellt werden können. Die darin enthaltenen Werte legen die Produktionsplanung und -steuerung für den Artikel fest. Hier werden beispielsweise die Einstellungen zu folgenden Kriterien getroffen:

- Fremdbeschaffung oder Eigenfertigung,
- plan- oder verbrauchsgesteuerte Disposition,
- Größe des Beschaffungsloses,
- Kundeneinzel- oder anonyme Lagerfertigung,
- Sicherheitsbestand
- usw.

Wir werden diese Sichten für das Material ET-F-WT500 nun gemeinsam erzeugen. Dazu öffnen wir die Fiori-App »Material anlegen« (bzw. wir könnten in der SAP GUI auch die Transaktion *MM01* über SAP MENÜ • LOGISTIK • PRODUKTION • STAMMDATEN • MATERIALSTAMM • MATERIAL • ANLEGEN ALLGEMEIN verwenden) und geben die Materialnummer ein. Da die Grunddaten dieses Materials bereits angelegt wurden, ergänzt SAP S/4HANA die Daten zu Branche und Materialart. In dem Pop-up, welches nun erscheint (siehe Abbildung 3.4), wählen wir die Sichten DISPOSITION 1, DISPOSITION 2, DISPOSITION 3, DISPOSITION 4 und ARBEITSVORBEREITUNG aus, indem wir auf die zugehörige Schaltfläche links neben der Bezeichnung klicken. Wenn wir mit dem »grünen Haken« ✔ bestätigt haben, wählen wir auf dem nächsten Bild das WERK *1010* aus und bestätigen erneut (siehe Abbildung 3.5).

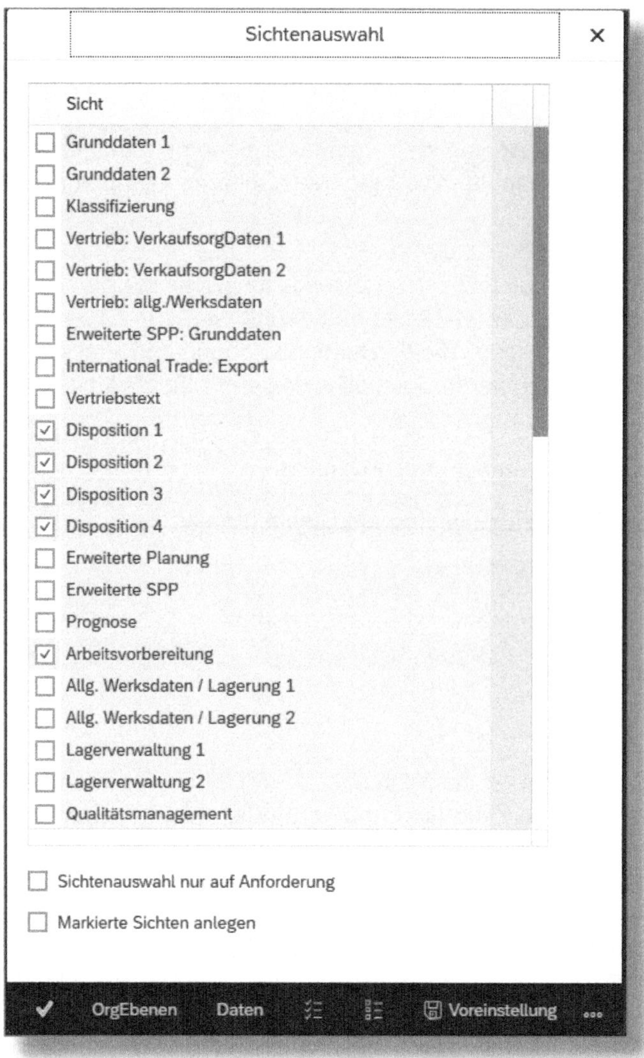

Abbildung 3.4: Sichtenauswahl

Abbildung 3.5: Organisationsebenen

Dispoprofil

Dispositionsprofile ermöglichen dem Nutzer, Einstellungen der *Dispositionssicht* zusammenzufassen und als Vorschlagswerte zu speichern. Bei der Anlage eines neuen Materials werden die im Profil hinterlegten Felder dann schon vorbelegt. So lässt sich der Anlage- und Pflegeprozess vereinfachen.

Die Transaktionen zur Pflege der Dispositionsprofile finden Sie über SAP Menü • Logistik • Produktion • Stammdaten • Materialstamm • Profil • Dispositionsprofil.

Beim Anlegen der Dispositionssicht wählen Sie das Profil dann im Fenster Organisationsebenen (siehe Abbildung 3.5) aus.

Wir sehen jetzt als Erstes die Registerkarte Disposition 1 (Abbildung 3.6). Sie enthält neben den Allgemeinen Daten die Parameter zum Dispoverfahren und die Losgrößendaten.

Die Basismengeneinheit wird aus den Grunddaten übernommen, die Dispositionsgruppe fasst Materialien aus Sicht der Disposition zusammen und ordnet ihnen spezielle Steuerungsparameter für die Planung zu (z. B. die Strategiegruppe, den Verrechnungsmodus oder auch den Planungshorizont).

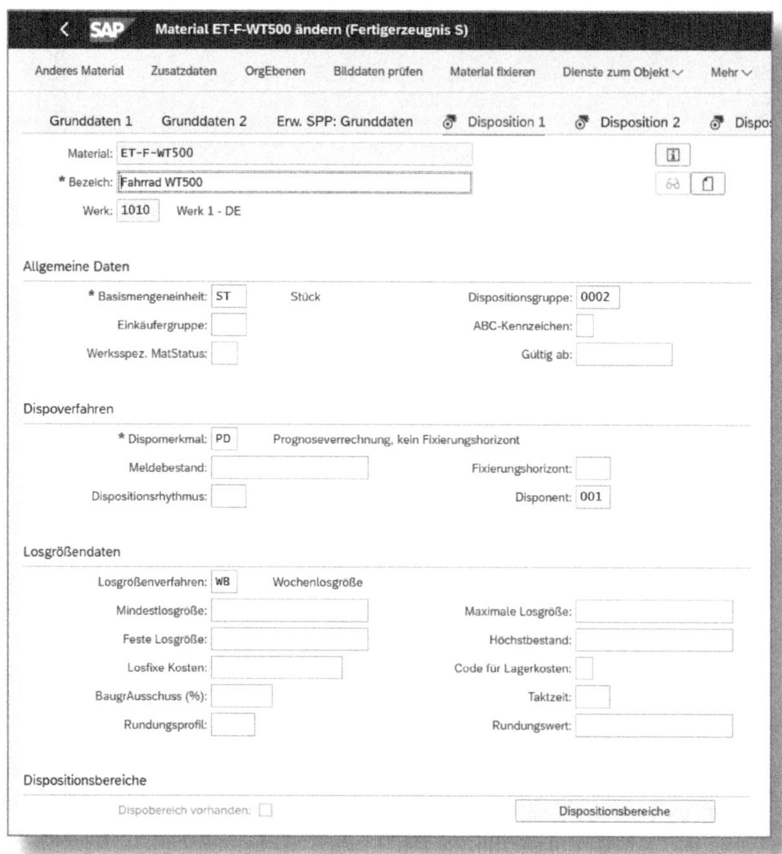

Abbildung 3.6: Materialstammsicht »Disposition 1«

Das DISPOMERKMAL ist ein Pflichtfeld; da wir für das Fertigprodukt Vorplanungsbedarfe erhalten, soll das Material plangesteuert disponiert werden. Hier wählen wir daher *PD* aus. Damit der zuständige DISPONENT später auch die Planung analysieren kann, tragen wir im entsprechenden Feld seinen Schlüssel *001* ein. Der Beschaffungsvorschlag soll immer eine Woche abdecken, und so wählen wir *WB* als

DISPOSITIONSLOSGRÖSSE. Weitere Einstellungen bei den Losgrößendaten brauchen wir für unser Produkt nicht.

Wenn wir nun mit `Enter` bestätigen, überprüft SAP S/4HANA, ob alle Pflichtfelder ausgefüllt wurden, und springt zur nächsten Registerkarte. Sollten notwendige Felder nicht ausgefüllt worden sein, so erhalten wir eine Warn- oder Fehlermeldung im unteren Abschnitt des SAP-Fensters/Webbrowsers.

Auf der Registerkarte DISPOSITION 2 (siehe Abbildung 3.7) sehen wir Werte zu den Bereichen BESCHAFFUNG, TERMINIERUNG und NETTOBEDARFSRECHNUNG.

Da wir das Fahrrad ausschließlich selbst montieren, wählen wir die BESCHAFFUNGSART *E* (steht für »Eigenfertigung«). Wir erfassen auch den PRODUKTIONSLAGERORT – den Lagerort, von dem die Komponenten entnommen werden und an den das fertige Produkt geliefert wird (hier: *101A*).

Da wir das Material im eigenen Unternehmen herstellen, sollten wir eine EIGENFERTIGUNGSZEIT eintragen; hier wählen wir *2* Tage, weil die durchschnittliche Wochenproduktion eines Fahrradtyps wie in unserem Beispiel zwei Tage dauert. Als WE-BEARBEITUNGSZEIT wählen wir *1* Tag. Diese Zeit sagt aus, dass nach dem Ende des Auftrags ein Tag vergehen muss, bis der Bestand für Bedarfe zur Verfügung steht. Dieser zeitliche Puffer kann im tatsächlichen Ablauf unterschiedliche Ursachen haben: beispielsweise eine Quarantänezeit, die vergeht, bis alle Qualitätsergebnisse vorliegen, oder entsprechend benötigte Zeit, bis die Versandverpackung angebracht wurde. Der HORIZONTSCHLÜSSEL *000*, den wir hier eintragen, bestimmt die unterschiedlichen Terminierungspuffer, die in Abschnitt 6.2 detaillierter beschrieben werden.

Da für dieses Material keine Sicherheitsbestände vorgesehen werden, sind hier keine Eintragungen notwendig.

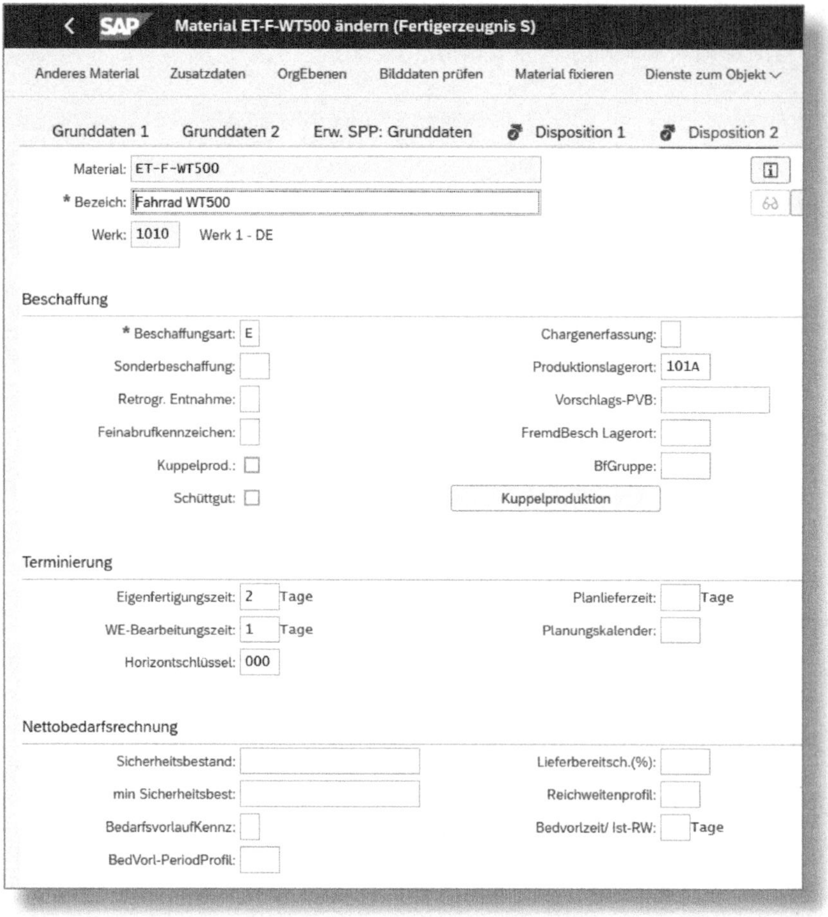

Material ET-F-WT500 ändern (Fertigerzeugnis S)

Anderes Material | Zusatzdaten | OrgEbenen | Bilddaten prüfen | Material fixieren | Dienste zum Objekt

Grunddaten 1 | Grunddaten 2 | Erw. SPP: Grunddaten | Disposition 1 | Disposition 2

Material: ET-F-WT500
* Bezeich: Fahrrad WT500
Werk: 1010 Werk 1 - DE

Beschaffung

* Beschaffungsart: E
Sonderbeschaffung:
Retrogr. Entnahme:
Feinabrufkennzeichen:
Kuppelprod.:
Schüttgut:
Chargenerfassung:
Produktionslagerort: 101A
Vorschlags-PVB:
FremdBesch Lagerort:
BfGruppe:
Kuppelproduktion

Terminierung

Eigenfertigungszeit: 2 Tage
WE-Bearbeitungszeit: 1 Tage
Horizontschlüssel: 000
Planlieferzeit: Tage
Planungskalender:

Nettobedarfsrechnung

Sicherheitsbestand:
min Sicherheitsbest:
BedarfsvorlaufKennz:
BedVorl-PeriodProfil:
Lieferbereitsch.(%):
Reichweitenprofil:
Bedvorlzeit/ Ist-RW: Tage

Abbildung 3.7: Materialstammsicht »Disposition 2«

Auf der Registerkarte DISPOSITION 3 (siehe Abbildung 3.8) nehmen wir nun einige Einstellungen bzgl. des *Vorplanungsverhaltens* vor. Wir wählen die STRATEGIEGRUPPE *40* (»Vorplanung mit Endmontage«) aus.

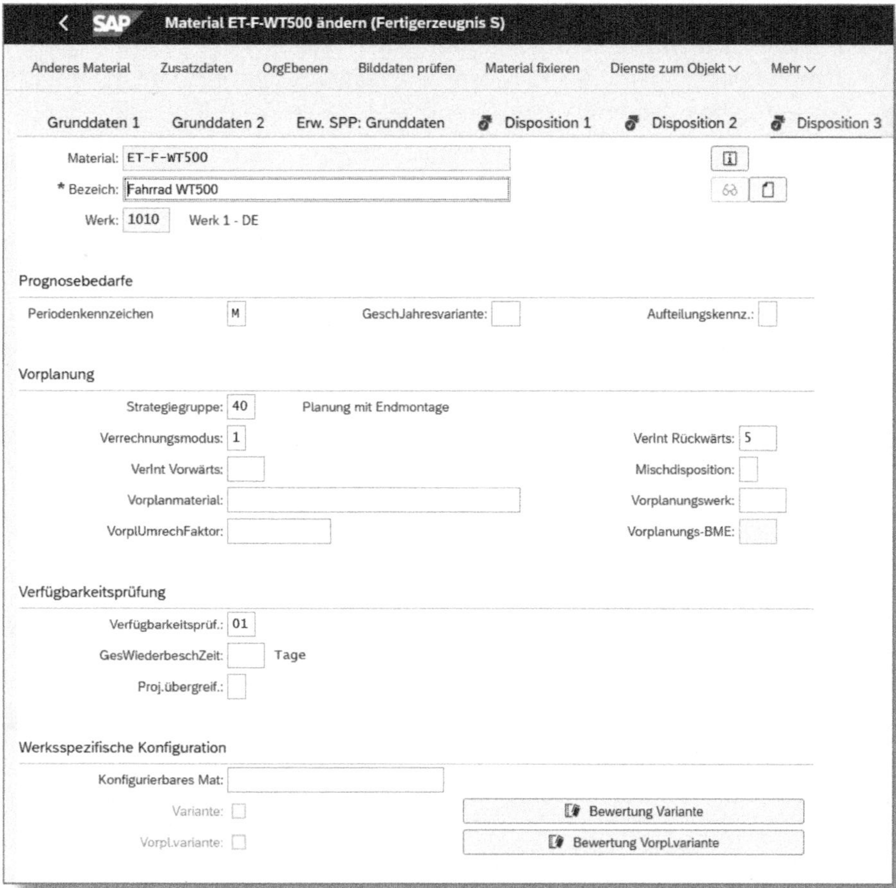

Material ET-F-WT500 ändern (Fertigerzeugnis S)

Anderes Material | Zusatzdaten | OrgEbenen | Bilddaten prüfen | Material fixieren | Dienste zum Objekt | Mehr

Grunddaten 1 | Grunddaten 2 | Erw. SPP: Grunddaten | Disposition 1 | Disposition 2 | Disposition 3

Material: ET-F-WT500
* Bezeich: Fahrrad WT500
Werk: 1010 Werk 1 - DE

Prognosebedarfe
Periodenkennzeichen: M
GeschJahresvariante:
Aufteilungskennz.:

Vorplanung
Strategiegruppe: 40 Planung mit Endmontage
Verrechnungsmodus: 1
Verlnt Rückwärts: 5
Verlnt Vorwärts:
Mischdisposition:
Vorplanmaterial:
Vorplanungswerk:
VorplUmrechFaktor:
Vorplanungs-BME:

Verfügbarkeitsprüfung
Verfügbarkeitsprüf.: 01
GesWiederbeschZeit: Tage
Proj.übergreif.:

Werksspezifische Konfiguration
Konfigurierbares Mat:
Variante:
Vorpl.variante:
Bewertung Variante
Bewertung Vorpl.variante

Abbildung 3.8: Materialstammsicht »Disposition 3«

Die *Strategiegruppe* steuert das Verhalten von Primärbedarfen – sowohl Kunden- als auch Planbedarfen – und außerdem, wie diese in die Bedarfsplanung einfließen. Mit der Strategie »Planung mit Endmontage« werden sowohl Kunden- als auch Vorplanungsbedarfe in der Bedarfsplanung berücksichtigt. Diese versucht allerdings, die beiden

Bedarfe miteinander zu verrechnen, da der Vorplanungsbedarf nur Ausdruck eines erwarteten Kundenauftrags ist. Dieses Verhalten wird mit dem *Verrechnungsmodus* und den *Verrechnungsintervallen* gesteuert. Der Verrechnungsmodus legt fest, in welche zeitliche Richtung vom Kundenauftrag ausgehend nach Planprimärbedarfen zur Verrechnung gesucht wird. Die Verrechnungsintervalle geben die Anzahl der Tage ausgehend vom Kundenauftrag an, welche in die Vergangenheit bzw. Zukunft gesucht werden soll (siehe Abbildung 3.9).

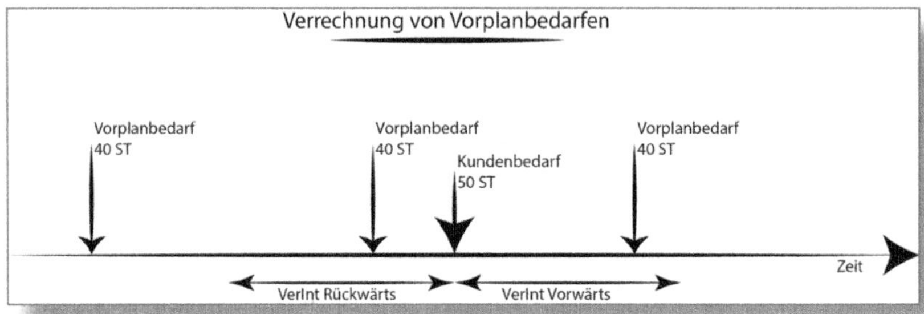

Abbildung 3.9: Verrechnung von Vorplanbedarfen

Das Fahrrad in unserem Beispiel soll einen wöchentlichen Planprimärbedarf erhalten – dieser wird von SAP S/4HANA immer am Montag einer Woche eingespielt. Damit sich nun Kundenaufträge, die im Laufe der Woche ausgeliefert werden sollen, nur mit dem Planprimärbedarf ihrer Woche verrechnen, stellen wir den VERRECHNUNGSMODUS *1* »Ausschließlich Rückwärtsverrechnung« ein und ein VERINT RÜCKWÄRTS von *5* Tagen. Dadurch wird bei jedem Kundenauftrag versucht, bis zu fünf Tage rückwärts einen Vorplanbedarf zu finden, mit dem die Kundenauftragsmenge verrechnet werden kann (vgl. Abschnitt 5.1).

Bei dem Feld VERFÜGBARKEITSPRÜFUNG wählen wir die *01*. Dieser Parameter steuert, wie die *ATP-Prüfung* (siehe Abschnitt 6.3) auf dieses Material erfolgt. Bei dem Fertigprodukt wird diese Prüfung aus einem Kundenauftrag, bei einer Komponente aus dem Montageauftrag heraus erfolgen, und die Einstellung »01« (Tagesbedarf) reicht in unserem Beispiel aus.

Was genau die unterschiedlichen Einstellungen zur VERFÜGBARKEITSPRÜFUNG bewirken, hängt von Ihren Systemeinstellungen ab. In Abschnitt 6.3 schauen wir uns gemeinsam die Verfügbarkeitsprüfung eines Montageauftrags an.

Auf der Registerkarte DISPOSITION 4 (siehe Abbildung 3.10) müssen wir für unser Beispiel keinen Eintrag vornehmen, da die STÜCKLISTENAUFLÖSUNG und die Auswahl von Fertigungsversionen nicht relevant sind.

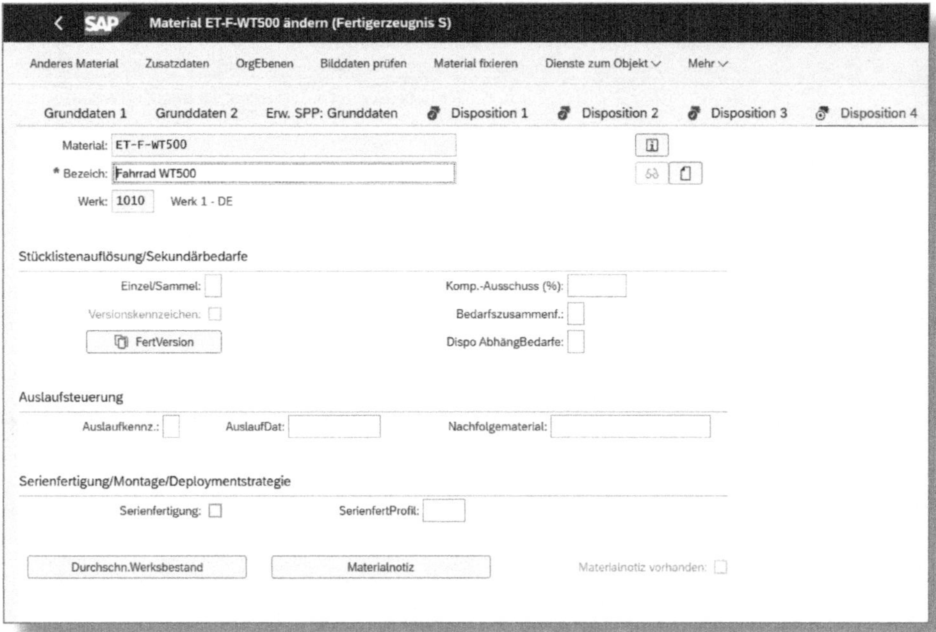

Abbildung 3.10: Materialstammsicht »Disposition 4«

Auf der Sicht ARBEITSVORBEREITUNG (siehe Abbildung 3.11) sind wichtige Parameter für die Fertigungsdurchführung einzutragen, so z. B.:

- das Kürzel des zuständigen FERTIGUNGSSTEUERERS,
- der PRODLAGERORT, an den das Material nach der Herstellung geliefert wird,

- eine Chargen- oder Serialisierungspflicht,
- die EIGENFERTIGUNGSZEIT IN TAGEN.

Für unser Fahrrad hinterlegen wir hier den Fertigungssteuerer und das FERTIGUNGSSTPROFIL. Über letztere Eingabe wird gesteuert, welche Fertigungsauftragsart für dieses Material vorgeschlagen wird. Damit kann beim Anlegen der Aufträge Zeit gespart werden (vgl. Kapitel 6).

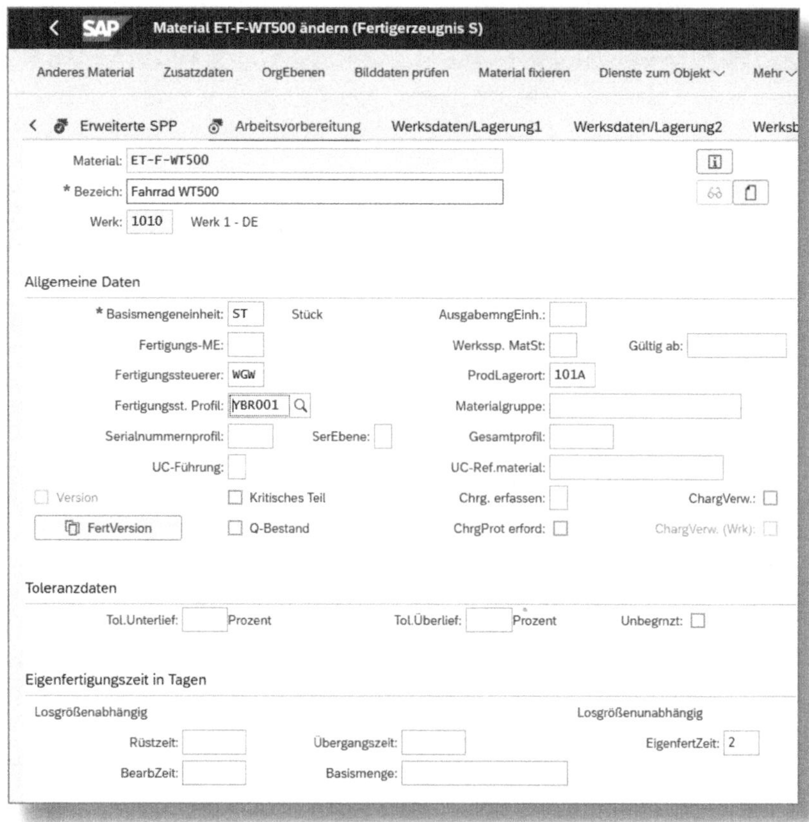

Abbildung 3.11: Materialstammsicht »Arbeitsvorbereitung«

Abbildung 3.12 zeigt die Sicht PROGNOSE, welche alle zur Durchführung einer Materialprognose notwendigen Daten enthält und die Grundlage für eine verbrauchsgesteuerte Disposition bildet.

Die wichtigsten Parameter beziehen sich auf:

- das Prognoseverfahren,
- den Vergangenheitszeitraum und
- das Prognoseintervall.

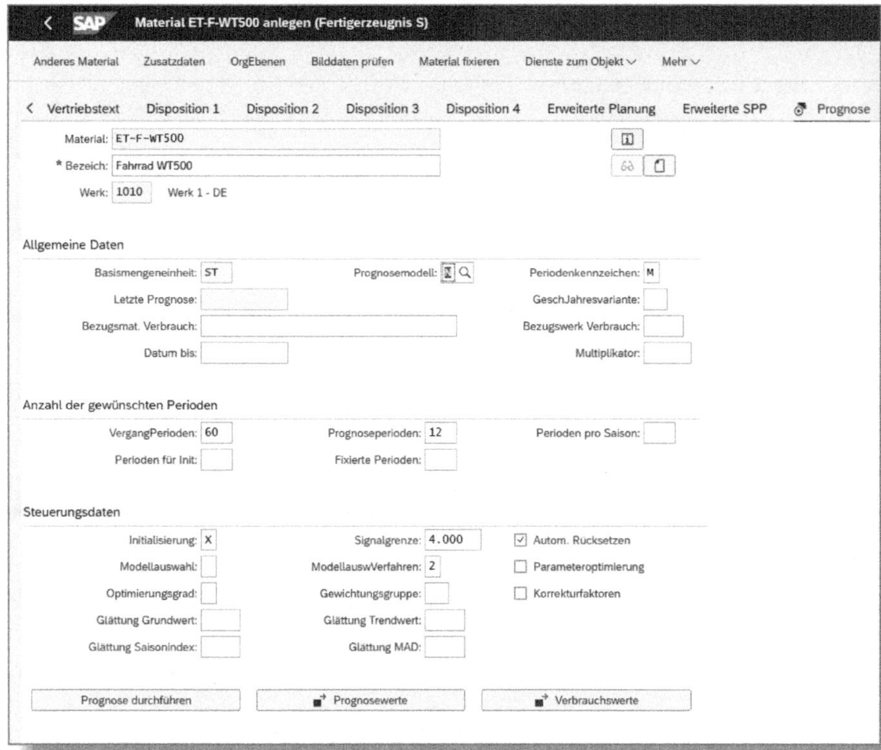

Abbildung 3.12: Materialstammsicht »Prognose«

> **Literaturhinweis**
>
> Sehr detailliert erklärt Muhamed Karalic in seinem Buch »Praxishandbuch Materialstammdaten in SAP ERP« (Espresso Tutorials, 2018) den Aufbau von und den besten Umgang mit dem Materialstamm in SAP.

3.2 Stückliste

Als *Stückliste* bezeichnet man in SAP S/4HANA eine strukturierte Sammlung von Elementen. Da diese ganz unterschiedlich sein können, kennt SAP diverse Typen von Stücklisten. Dabei ist nicht die Art der Darstellung für die Unterscheidung ausschlaggebend, sondern der Inhalt bzw. die Verwendung der Liste. In SAP stehen u. a. folgende Stücklistentypen zur Auswahl:

- Materialstücklisten
- Dokumentenstücklisten
- Auftragsstücklisten
- Projektstücklisten

Eine *Materialstückliste* beschreibt den Aufbau eines Materials aus einzelnen Komponenten oder weiteren Baugruppen und stellt den am häufigsten genutzten Stücklistentyp dar. Eine *Dokumentenstückliste* strukturiert komplexe Dokumente. So kann beispielsweise die Dokumentation einer Anlage aus einem Handbuch, aus elektrischen und hydraulischen Schaltplänen sowie aus technischen Zeichnungen bestehen, die alle einzeln abgelegt worden sind. *Auftrags-* und *Projektstücklisten* sind in der Regel Materialverzeichnisse, die nur für einen bestimmten Auftrag oder ein bestimmtes Projekt gelten. Mit ihnen können Besonderheiten (z. B. kundenindividuelle Anpassungen des Produktes) erfasst werden, ohne die grundlegende Stückliste zu verändern.

Eine Stückliste besteht aus dem Kopf und einer oder mehreren Positionen. Ersterer enthält grundlegende Informationen, beispielsweise zur Basismenge der Stückliste oder der verantwortlichen Konstruktionsgruppe (Labor/Büro), sowie eine freie Beschreibung der Stücklistenalternative und deren Status (aktiv oder inaktiv).

Jede Stücklistenposition enthält genau eine Komponente. Außerdem werden hier die zur Erstellung der Basismenge benötigte Anzahl sowie der Positionstyp (z. B. Lagerposition oder Textposition) der Komponente und andere, für spezielle Anwendungen notwendige Steuerparameter gespeichert.

Diese Steuerparameter finden Sie in der Detailsicht der Stücklistenposition. Auf vier Registerkarten können hier Werte wie Komponentenausschuss, Entnahmelagerort oder erweiterte Texte eingegeben werden. Mit der jeweiligen Stücklistenposition lassen sich auch Dokumente verknüpften. Dies können Konstruktionszeichnungen oder Handling-Hinweise sein.

☛ Werte in Materialstamm und Stückliste

Einige Werte des Materialstamms können auch in der Stücklistenposition gepflegt werden – beispielsweise der Komponentenausschuss. Wenn beide Felder gepflegt sind, hat der Wert in der Stückliste Vorrang vor dem im Materialstamm. Dies ist immer dann von Vorteil, wenn der Wert je nach Anwendung oder Prozess unterschiedlich ausfällt. So ist es beim Komponentenausschuss beispielsweise möglich, dass dieser beim Einsatz in einer bestimmten Stückliste höher ausfällt als im Durchschnitt.

Wie in Abschnitt 1.3 beschrieben, handelt es sich bei dem Fahrrad und dem Rahmen KP um neue Materialien. Im vorhergehenden Abschnitt haben wir die Materialstämme angelegt, nun werden wir die Stücklisten in SAP S/4HANA hinterlegen. Dazu rufen wir die Fiori-App »Stückliste anlegen« bzw. für das Ändern bereits bestehender Stücklisten die App »Stückliste ändern« auf (über die SAP GUI wählen wir die Transaktion *CS01*; Pfad: SAP MENÜ • LOGISTIK • PRODUKTION • STAMMDATEN • STÜCKLISTEN • STÜCKLISTE • MATERIALSTÜCKLISTE), geben die Materialnummer des Fahrrads *(ET-F-WT500)*, die Nummer des Werks *(1010)* sowie die Stücklistenverwendung (*1* für »Fertigung«) ein und starten die App über die [Enter]-Taste.

In der sich nachfolgend öffnenden Positionsübersicht pflegen wir für jede Stücklistenposition die Materialnummer der Komponente, den Positionstyp »L« für ein bestandsgeführtes Material und die in unserem Fall benötigte Menge (siehe Abbildung 3.13) – die Mengeneinheit wird von S/4HANA nach Betätigen der [Enter]-Taste automatisch aus den Materialstammdaten der Komponente gelesen. Der Haken in der Spalte BGR (Baugruppe) ❶ zeigt an, dass für diese Position selbst eine Stückliste vorhanden ist – es sich also um eine weitere Baugruppe handelt. Durch einen Doppelklick auf den Haken könnten wir in diese Stückliste abspringen. Wir wollen uns aber zunächst einmal die Kopfdaten der neuen Stückliste anschauen. Dazu klicken wir auf den Button KOPF ❷.

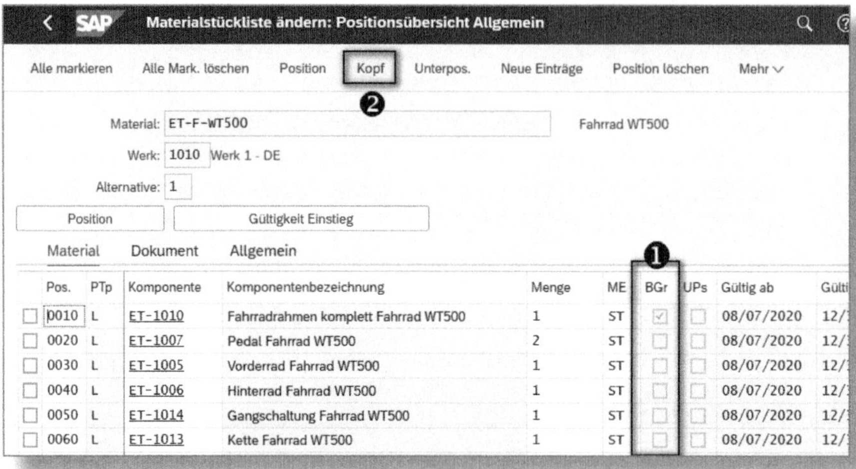

Abbildung 3.13: Materialstückliste – Positionsübersicht

Hier (Abbildung 3.14) stellen wir sicher, dass die BASISMENGE – also die Anzahl an Fahrrädern, die mit den Mengen der Stücklistenpositionen hergestellt wird – genau »1« beträgt, denn dafür haben wir die Stückliste ja ausgelegt. Den Losgrößenbereich, für den diese Stückliste gilt, schränken wir nicht weiter ein. Als STL-BESCHREIBUNG geben wir *Fahrrad WT500 im Werk 1 – DE* ein und für das WERK *1010* mit dem Namen WERK 1 – DE. Anschließend können wir die Stückliste mit einem Klick auf Sichern (auf der Seite unten rechts, hier zu besseren Lesbarkeit nicht mehr dargestellt) speichern und verlassen.

Konzernstückliste

Wenn Sie eine Stückliste anlegen, ohne ein Werk einzutragen, dann legen Sie eine sogenannte *Konzernstückliste* an.

In der Produktionsplanung können Sie diese aber aufgrund des fehlenden Werksbezuges nicht verwenden. Sie müssen zunächst eine Werksstückliste anlegen, indem Sie die Fiori-App »Stückliste anlegen« erneut ausführen und diesmal ein Werk angeben. Sie können dann mit der Schaltfläche Vorlage kopieren ... die Konzern- in die Werksstückliste kopieren, brauchen also nicht alles neu einzugeben.

Falls Sie vergessen haben, das Werk einzugeben, und somit eine Konzernstückliste anlegen, werden Sie mittels einer Warnmeldung in der untersten Leiste der SAP GUI bzw. am unteren Rand des Webbrowsers darauf aufmerksam gemacht.

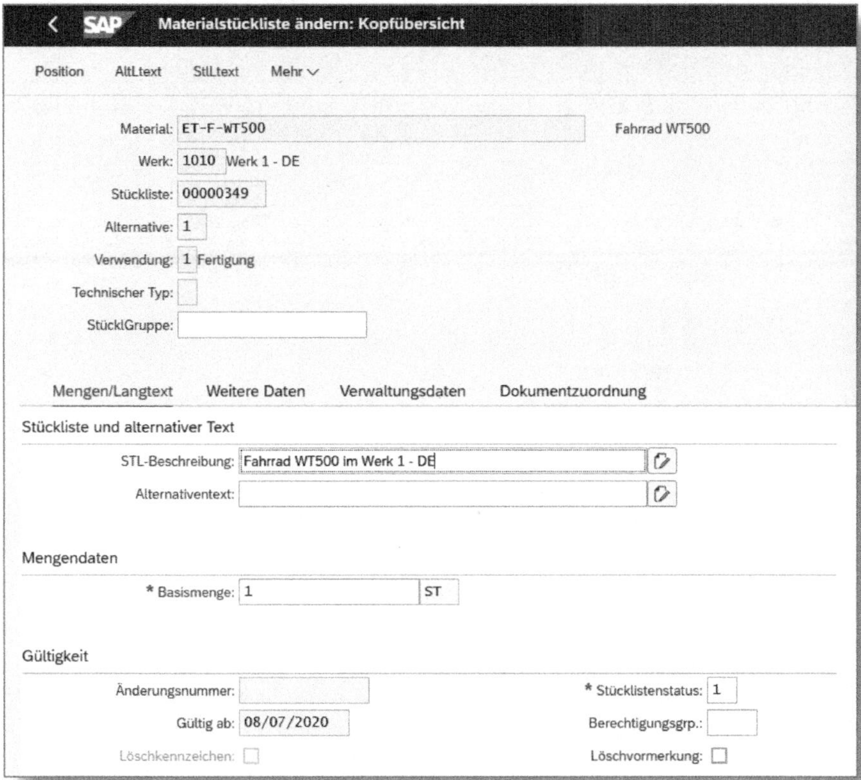

Abbildung 3.14: Materialstückliste – Kopfübersicht

3.3 Arbeitsplatz

Der *Arbeitsplatz* beschreibt im Kontext von SAP PP eine organisatorische Einheit, in der der gesamte Produktionsauftrag oder dessen einzelne Schritte durchgeführt werden. Er kann beispielsweise eine Maschine oder einen Handarbeitsplatz repräsentieren, ebenso eine Maschinengruppe oder eine ganze Abteilung. Dabei ist er stets einem Werk als übergeordneter Organisationseinheit zugeordnet. Arbeitsplätze werden in SAP PP benötigt, um im Arbeitsplan zu beschreiben, welcher Mitarbeiter oder welches Betriebsmittel einen Vorgang durchführt bzw. wo dies vonstattengeht. Über den Arbeitsplatz erfolgt eine Verknüpfung mit den SAP-Modulen CO (für die Kosten- und Leistungsrechnung) sowie HR (für die Lohn- und Gehaltsabrechnung).

Um seine Funktionen erfüllen zu können, vereint der Arbeitsplatz eine Vielzahl von Parametern. Den wichtigsten definieren Sie bereits bei seiner Anlage: Mit der ARBEITSPLATZART (siehe Abbildung 3.15 ❶) werden u. a. das Layout und die zur Verfügung stehenden Parameter des Arbeitsplatzes festgelegt. Typische Arbeitsplatzarten, die zum SAP-Standard gehören, sind u. a.:

- Maschine
- Maschinengruppe
- Person
- Personengruppe

Da für das neue Fahrrad keine neuen Arbeitsplätze benötigt werden, schauen wir uns den bestehenden Arbeitsplatz »Schweißen« im Ändern-Modus an. Dazu öffnen wir die Fiori-App »Arbeitsplatz ändern« bzw. in der SAP GUI die Transaktion *CR02* oder alternativ den Menüpfad SAP MENÜ • LOGISTIK • PRODUKTION • STAMMDATEN • ARBEITSPLÄTZE • ARBEITSPLATZ. Im Selektionsbild geben wir das WERK *1010* und den ARBEITSPLATZ *ET-WC-01* ein.

Die GRUNDDATEN in Abbildung 3.15 enthalten außerdem Angaben zum Arbeitsplatz-VERANTWORTLICHEN, zum STANDORT des Arbeitsplatzes sowie dazu, in welchem PLANTYP (vgl. Abschnitt 3.4) er verwendet werden darf. Die eingestellte PLANVERWENDUNG *009* bedeutet, dass dieser Arbeitsplatz in jedem Plantyp eingesetzt werden darf.

Ein wichtiges Feld ist der VORGABEWERTSCHLÜSSEL ❷. Er legt fest, welche Leistungen für die Produktion an diesem Arbeitsplatz entscheidend sind. Diese Informationen werden anschließend für die Terminierung, Kapazitätsbedarfsermittlung und Kostenberechnung genutzt. Wir erkennen hier, dass der Arbeitsplatz ein Personenarbeitsplatz ist, für ALLE PLANTYPEN zugelassen ist und die drei Vorgabewerte (festgelegt durch die Eingabe von *SAP1* für »Fertigung normal«) RÜSTZEIT, MASCHINENZEIT und PERSONALZEIT umfasst.

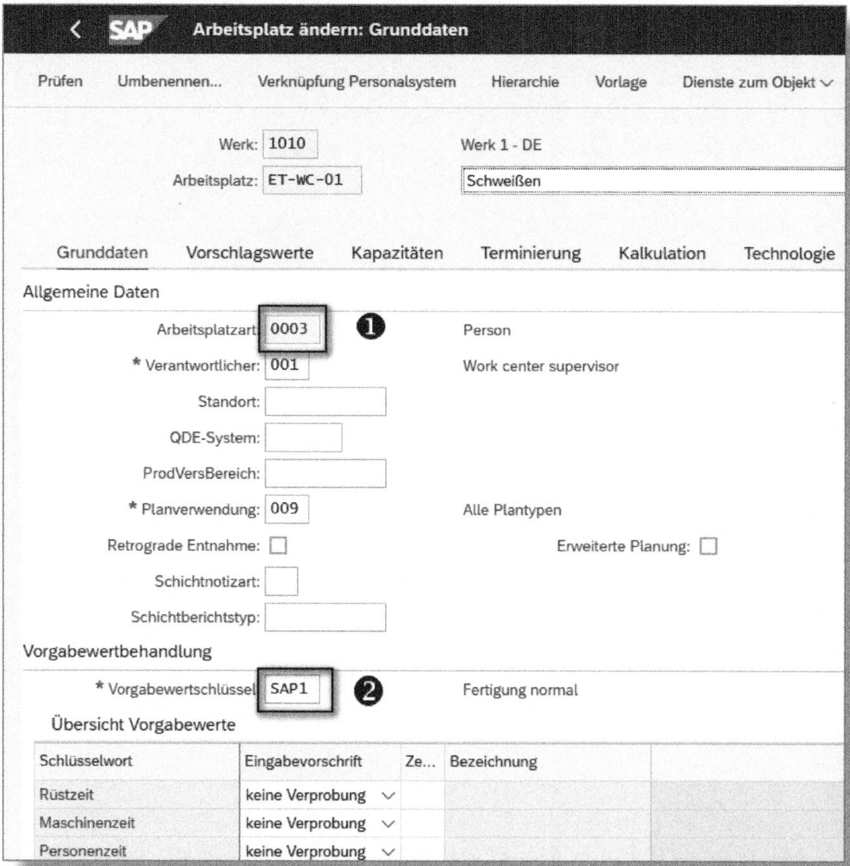

Arbeitsplatz ändern: Grunddaten

Prüfen Umbenennen... Verknüpfung Personalsystem Hierarchie Vorlage Dienste zum Objekt

Werk: 1010 Werk 1 - DE

Arbeitsplatz: ET-WC-01 Schweißen

Grunddaten Vorschlagswerte Kapazitäten Terminierung Kalkulation Technologie

Allgemeine Daten

Arbeitsplatzart: 0003 ❶ Person

* Verantwortlicher: 001 Work center supervisor

Standort:

QDE-System:

ProdVersBereich:

* Planverwendung: 009 Alle Plantypen

Retrograde Entnahme: ☐ Erweiterte Planung: ☐

Schichtnotizart:

Schichtberichtstyp:

Vorgabewertbehandlung

* Vorgabewertschlüssel: SAP1 ❷ Fertigung normal

Übersicht Vorgabewerte

Schlüsselwort	Eingabevorschrift	Ze...	Bezeichnung
Rüstzeit	keine Verprobung		
Maschinenzeit	keine Verprobung		
Personenzeit	keine Verprobung		

Abbildung 3.15: Arbeitsplatzsicht »Grunddaten«

Die Registerkarte Vorschlagswerte (siehe Abbildung 3.16) enthält verschiedene Parameter – beispielsweise den Vorlagenschlüssel für Textvorlagen oder Lohnarten, die beim Erstellen der Arbeitspläne automatisch angeboten werden, um den Erstellungsaufwand zu reduzieren. Der Steuerschlüssel legt fest, welche betriebswirtschaftlichen Funktionen in einem Vorgang des Arbeitsplans, dem der Arbeitsplatz zugeordnet wird, ausgeführt werden können (siehe Abschnitt 3.4).

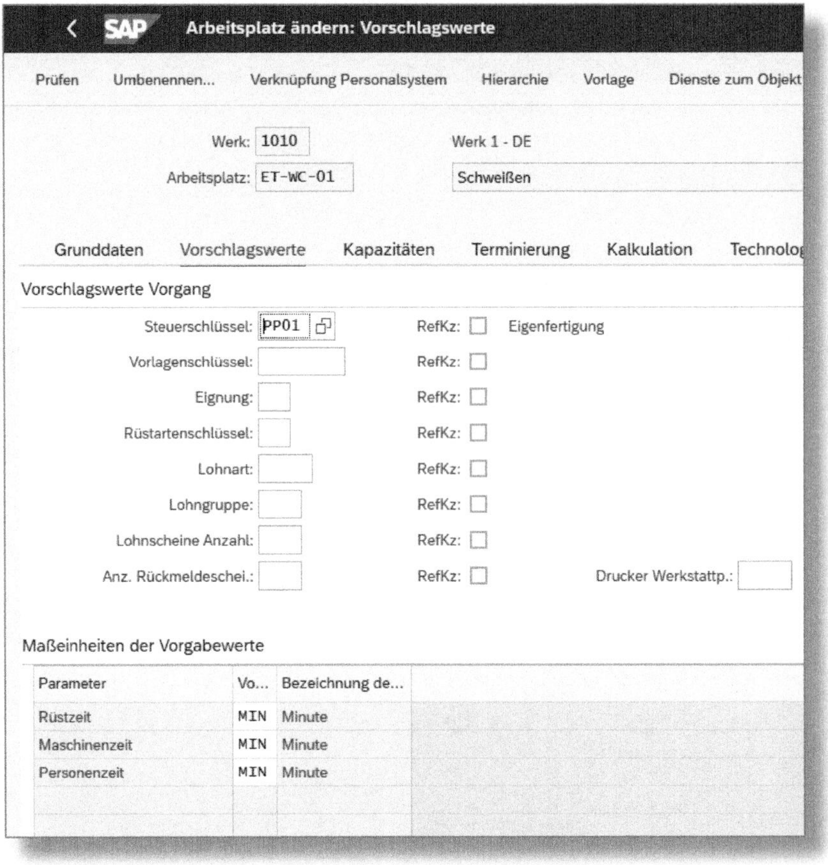

Abbildung 3.16: Arbeitsplatzsicht »Vorschlagswerte«

Über die Auswahl des Steuerschlüssels *PP01 (Eigenfertigung)* erreichen wir beispielsweise, dass die Funktionen Terminieren, Kalkulieren,

Drucken (von Vorgangselementen), Lohnscheine drucken, Kapazitätsbedarfe ermitteln und Rückmeldung drucken erlaubt sind. Ebenso sind durch die Verwendung dieses Steuerschlüssels Rückmeldungen zum Vorgang vorgesehen. Der Steuerschlüssel PP01 wird von der SAP standardmäßig mitausgeliefert. Sie können im Customizing aber Ihre ganz eigenen Steuerschlüssel mit den für Ihren Prozess relevanten betriebswirtschaftlichen Vorgängen definieren.

Auf der Registerkarte KAPAZITÄTEN (siehe Abbildung 3.17) wird die Art der Arbeitsplatzkapazität eingestellt; deren Pflege erfolgt über die entsprechende Funktion ❶ aus dem Arbeitsplatz heraus oder direkt über die Fiori-App »Ändern Kapazität« (SAP GUI: Transaktion *CR12*) (vgl. Abschnitt 7.2). Wenn wir den Arbeitsplatz neu anlegen, springt SAP nach Betätigen der `Enter`-Taste automatisch zur Sicht der Arbeitsplatzkapazität.

Mögliche KAPAZITÄTSARTEN sind:

- Maschine
- Person
- Fremdbearbeitung

Auch wenn ein Arbeitsplatz einerseits aus Personen und andererseits aus Maschinen besteht, reicht es aus, hier nur die für die Planung entscheidende Kapazität einzustellen; in unserem Beispielarbeitsplatz *Schweißen* ist dies die KAPAZITÄTSART *002* (PERSON). Zur Berechnung des Kapazitätsbedarfs aus den Vorgabewerten wurden entsprechende Standardformeln ausgewählt, welche von der SAP so voreingestellt sind ❷.

Poolkapazität

Es besteht auch die Möglichkeit, eine *Poolkapazität* einzubinden, sodass mehrere Arbeitsplätze beispielsweise auf einen Personalpool zugreifen können.

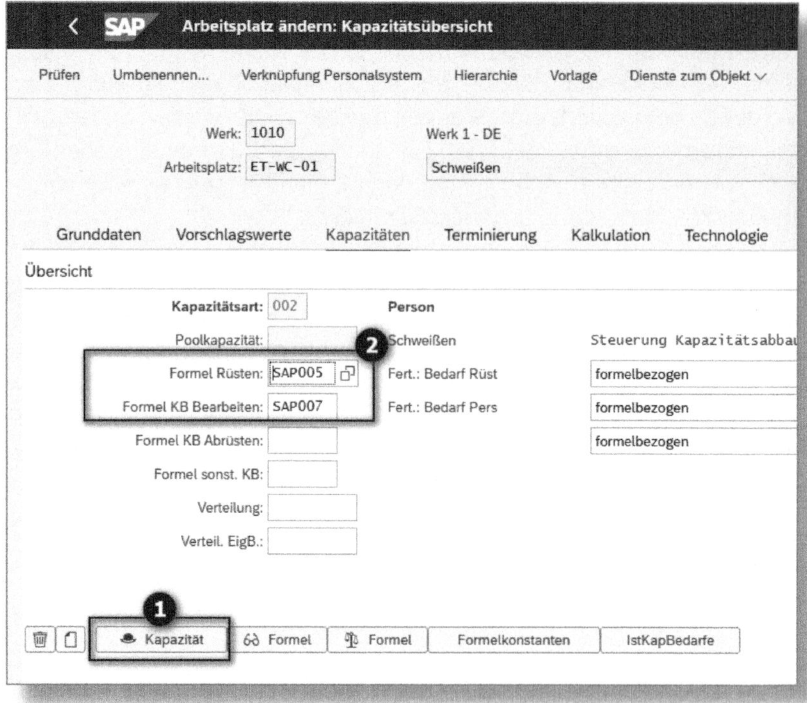

Abbildung 3.17: Arbeitsplatzsicht »Kapazitäten«

Über die *Arbeitsplatzkapazität* wird das Kapazitätsangebot des Arbeitsplatzes gesteuert (siehe Abbildung 3.18). Wir haben hier die Möglichkeit, ein pauschales Angebot ❶ oder ein zeitlich variierendes Schichtangebot ❷ einzustellen. Für die Verwendung der SCHICHTEN wählen wir die GRUPPIERUNG *50* mit der Bezeichnung »Fahrradproduktion« aus. Die Gruppierung bestimmt, welche Intervalle und Schichten sich dem Arbeitsplatz zuordnen lassen. Im Customizing können beliebige Gruppierungen gepflegt werden, z. B. wurde die Gruppierung 50 extra für das in diesem Buch behandelte Beispiel angelegt.

Die ANZAHL der EINZELKAPAZITÄTEN (»*2*«) gibt in unserem Beispiel an, dass diesem Arbeitsplatz zwei Schweißer zugeordnet sind, der Haken bei VON MEHREREN VORGÄNGEN BELEGBAR steuert, dass diese beiden Personen auch zur selben Zeit jeweils an unterschiedlichen Aufträgen arbeiten können. Wir sehen also, dass die beiden Mitarbeiter jeweils acht Stunden am Tag (Pausenzeit nicht eingerechnet) arbeiten und der Arbeitsplatz folglich ein KAPAZITÄTsangebot von 16 Stunden täglich hat.

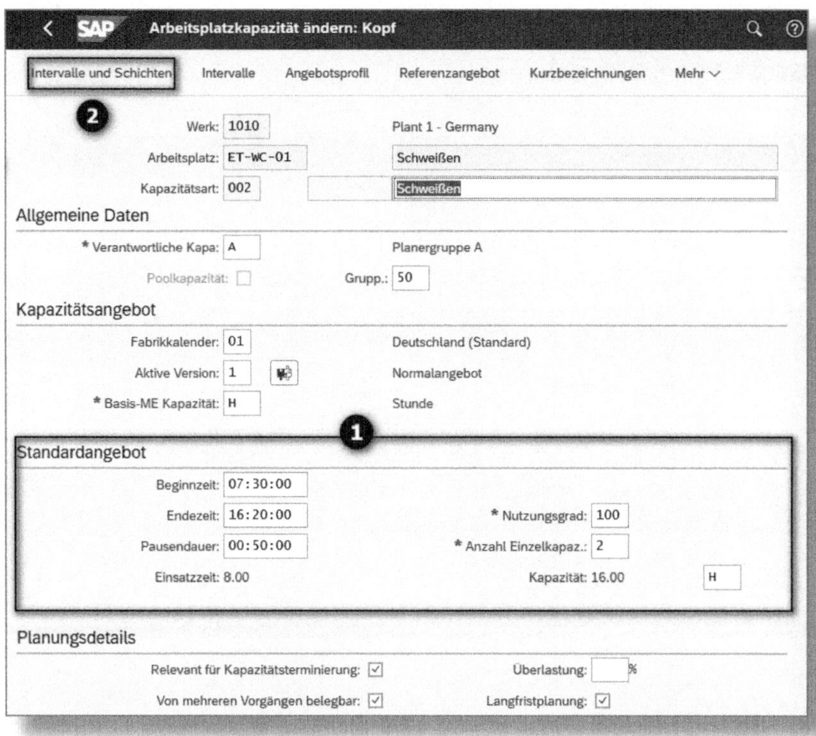

Abbildung 3.18: Arbeitsplatzkapazität

Wie die *Durchführungszeit* ermittelt wird, regeln Sie über Einstellungen auf der Registerkarte TERMINIERUNG (siehe Abbildung 3.19).

! Kapazitätsart

Es ist unerlässlich, die KAPAZITÄTSART (in unserem Beispiel *002*) auf der Registerkarte TERMINIERUNG einzutragen, denn die Terminberechnung muss zu **genau einer** Kapazitätsart erfolgen. Diese muss auch zwingend auf der Registerkarte KAPAZITÄTEN eingegeben worden sein, da die Kapazitätsart ein Pflichtfeld ist und man ansonsten die Registerkarte TERMINIERUNG nicht verlassen kann.

Auch hier sind entsprechende Formeln zur Berechnung anzugeben. Aus den Werten Ortsgruppe und Wartezeit bildet sich die Übergangszeit zu einem anderen Arbeitsplatz. Beide Werte haben gegenüber dem Arbeitsplan eine geringere Priorität. Das bedeutet, dass die Werte aus dem Arbeitsplatz nur genutzt werden, wenn im Arbeitsplan keine Werte gepflegt wurden.

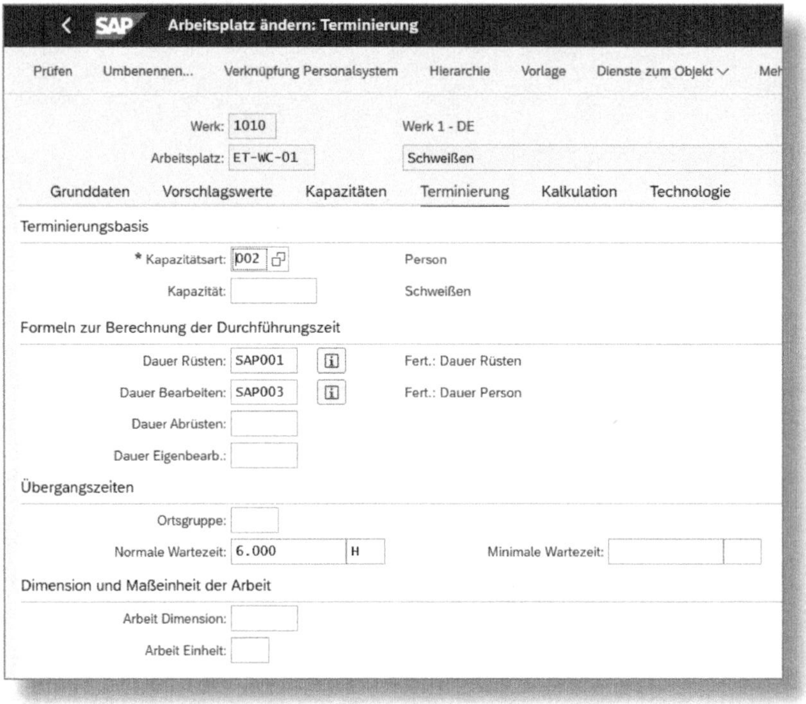

Abbildung 3.19: Arbeitsplatzsicht »Terminierung«

Die Kalkulation (siehe Abbildung 3.20) schließlich enthält die Verknüpfungen zu den Modulen CO und HCM. Hier erfolgt die Zuweisung des Arbeitsplatzes zu einer Kostenstelle des Kostenrechnungskreises, dem das Werk zugeordnet ist. Jede Leistung aus dem Vorgabewertschlüssel wird mit einer Leistungsart der Kosten- und Leistungsrechnung verknüpft. Zusätzlich wird die Formel *Berechnungsvorschrift* eingegeben. Über das Leistungslohnkennzeichen werden jene Leistungen markiert, für die eine Fortschreibung in das HCM-Modul zur Lohnberechnung notwendig ist.

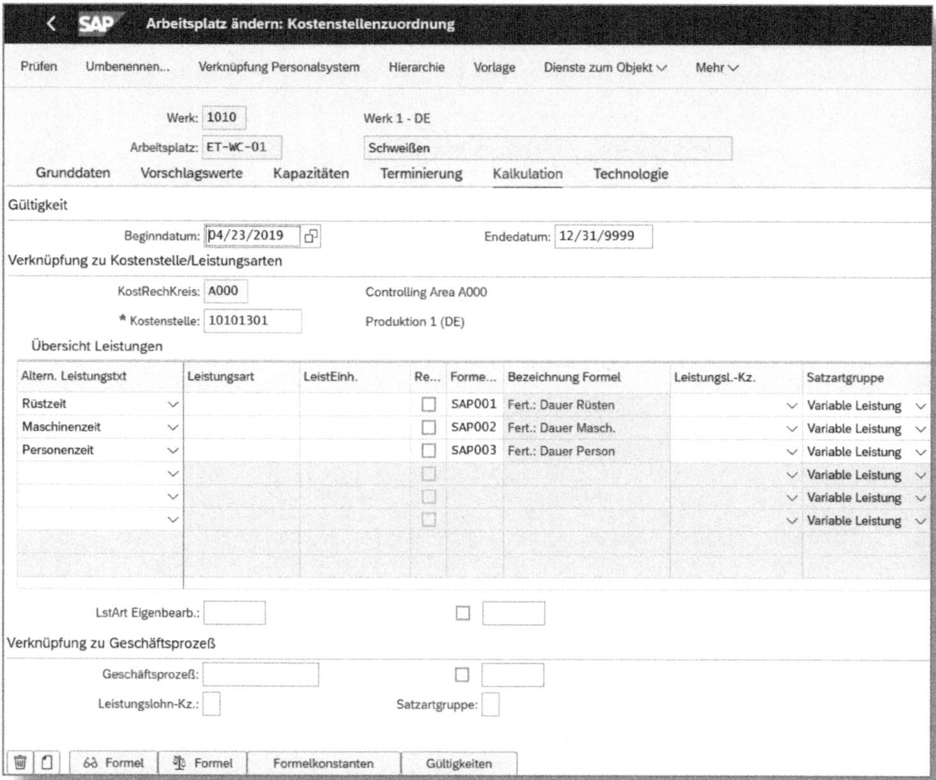

Abbildung 3.20: Arbeitsplatzsicht »Kalkulation«

Im Reiter TECHNOLOGIE lassen sich u. a. noch der MASCHINENTYP, der SORTIERBEGRIFF und der CAP-PLANER pflegen (siehe Abbildung 3.21). Unter dem *Maschinentyp* werden Arbeitsplätze gleicher Technologie zusammengefasst. Mithilfe des SORTIERBEGRIFFS können CAP-Elemente angeordnet bzw. gesucht werden. CAP steht für *Computer Aided Planning* und dient als maschinelle Unterstützung zur Findung der Vorgabewerte in der Arbeitsplanung. Vorgabewerte können in Formeln eingesetzt werden, die in der Terminierung, der Kalkulation oder der Kapazitätsplanung Verwendung finden. Für ihre Pflege ist der *CAP-Planer* verantwortlich. Dies kann eine Person oder auch eine Personengruppe sein.

Abbildung 3.21: Arbeitsplatzsicht »Technologie«

> **Der Arbeitsplatz**
>
> Der Arbeitsplatz ist in SAP PP die zentrale Organisationseinheit innerhalb eines Werkes zur Durchführung eines Produktionsauftrags.

3.4 Arbeitsplan

Arbeitspläne sind die wichtigsten Stammdaten für die Produktion. Sie beschreiben, was wann wo und in welcher Reihenfolge getan werden muss, um ein Erzeugnis zu produzieren. Zudem enthalten sie Informationen zur Dauer der einzelnen Vorgänge, der notwendigen Qualifizierung des Mitarbeiters sowie zu den benötigten Fertigungshilfsmitteln.

In SAP gibt es vier unterschiedliche Plantypen, die sich durch zwei einfache Fragen beschreiben bzw. voneinander abgrenzen lassen:

- Ist der Arbeitsplan materialspezifisch oder -unabhängig?
- Beschreibt er eine Raten- oder eine Losfertigung?

Je nachdem, wie diese Fragen beantwortet werden, ergeben sich die folgenden Plantypen:

- Normalarbeitsplan – materialspezifisch, keine Ratenfertigung,
- Standardarbeitsplan – materialunabhängig, keine Ratenfertigung,
- Linienplan – materialspezifisch, Ratenfertigung oder
- Standardlinienplan – materialunabhängig, Ratenfertigung.

Der *Normalarbeitsplan* ist wohl der am weitesten verbreitete Arbeitsplantyp. Er beschreibt die Arbeitsabläufe zur diskreten Fertigung genau eines Materials. In einer Plangruppe dürfen mehrere Normalarbeitspläne für das Material angelegt werden, weil für bestimmte Losgrößenbereiche jeweils unterschiedliche Abläufe gelten können. Ein Normalarbeitsplan kann auch teilweise aus Standardarbeitsplänen bestehen.

Ein *Standardarbeitsplan* beschreibt typische wiederkehrende und materialunabhängige Fertigungsschritte. Wird in Normalarbeitsplänen auf einen Standardarbeitsplan verwiesen, reicht eine Änderung von letzterem, um die Normalarbeitspläne aller Materialien zu aktualisieren. Beide Arbeitsplan-Arten können zu Plangruppen zusammengefasst werden und bestehen aus Folgen und Vorgängen.

Für *Linien-* und *Standardlinienpläne* gilt entsprechend das bereits Gesagte, mit dem Unterschied, dass diese speziell auf eine Planung mit konkreten Produktionsraten – also beispielsweise 10.000 Stück pro Schicht – ausgelegt sind. Der Aufbau der Arbeitspläne erfolgt in SAP anhand der in Abbildung 3.22 gezeigten Struktur.

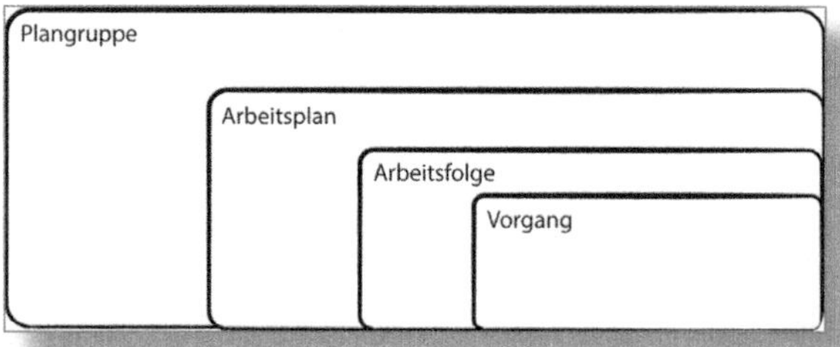

Abbildung 3.22: Strukturierung von Arbeitsplänen

Im Kopf eines Arbeitsplans (siehe Abbildung 3.23) werden insbesondere organisatorische Daten vermerkt. Für die Anlage oder Änderung von Arbeitsplänen kommen die Fiori-Apps »Arbeitsplan anlegen« bzw. »Arbeitsplan ändern« zum Einsatz. Da ein Arbeitsplan werksbezogen ist, wird hier das WERK eingetragen, für welches der Plan gilt. Weitere einzutragende Werte sind die VERWENDUNG und der GESAMTSTATUS des Plans sowie die PLANERGRUPPE, also die Kennzahl zu dem oder den verantwortlichen Planer(n) dieses Arbeitsplans.

Die LOSGRÖSSE gibt an, für welche Auftragsmengen ein Arbeitsplan automatisch gefunden wird. Theoretisch könnten für verschiedene Losgrößenbereiche unterschiedliche Arbeitspläne für ein Material gepflegt werden. Bei der Auftragsanlage würde der Arbeitsplan gefunden werden, dessen Menge den gewünschten Losgrößenbereich abdeckt.

Die TEILLOSZUORDNUNG ist eine Verknüpfung zum Modul QM und beschreibt, nach welcher Methode Teillose angelegt werden. Mit der Angabe in Abbildung 3.23 werden die auf Werksebene gepflegten Vorschlagswerte übernommen. Für die weitere Vorgehensweise in diesem Buch ist das Feld nicht relevant.

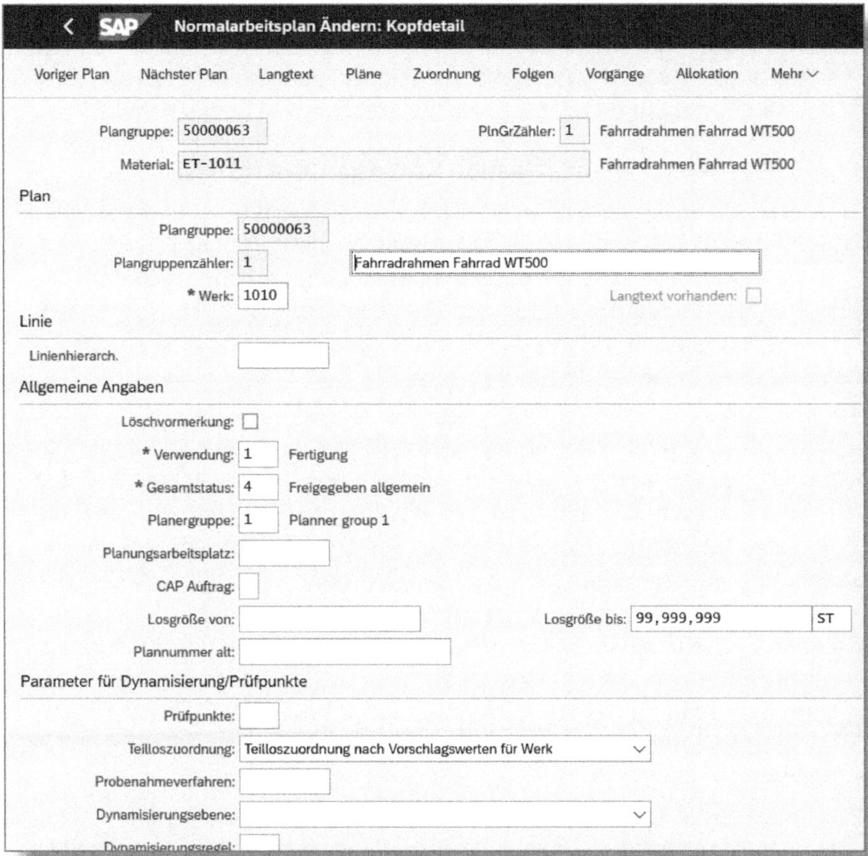

Abbildung 3.23: Normalarbeitsplan – Kopfdetail

Jeder Arbeitsplan besteht aus mindestens einer *Arbeitsfolge* – der sogenannten *Stammfolge*. Diese wird automatisch beim Anlegen des Arbeitsplans mit erstellt. Als Arbeitsfolge wird die lineare Aneinanderreihung von Prozessen bezeichnet, die durchlaufen werden, um ein Erzeugnis herzustellen. Wenn zu dessen Produktion Fertigungsschritte parallel ablaufen, werden diese Vorgänge einer *Parallelfolge* zugeordnet. Die Parallelfolge gilt stets als zusätzlicher »Ast« des Arbeitsplans und wird in jedem Fall durchlaufen. Gibt es zu einem oder mehreren dieser Vorgänge eine Alternative, beispielsweise die Bearbeitung auf einer anderen Maschine, kann man diesen zweiten Vorgang in einer *Alternativfolge* speichern. Beide Folgearten werden über Anordnungsbeziehungen mit der vom Arbeitsplaner eingegebenen Stammfolge verknüpft. Die Alternativfolge wird, je nach Bedarf, im Auftragsfall ausgewählt und ersetzt dann den – durch die Anordnungsbeziehung definierten – Abschnitt der Stammfolge.

Der *Vorgang* schließlich enthält alle Informationen zur Durchführung der Fertigungsoperation: die Bezeichnung des Arbeitsplatzes, der den Produktionsschritt durchführt, eine Leistungsbeschreibung und die dafür vorgegebene Leistungsmenge. Welche Leistungen geplant und benötigt werden, ergibt sich aus dem Vorgabewertschlüssel des eingetragenen Arbeitsplatzes. Jeder Vorgang wird darüber hinaus mit einem Steuerschlüssel versehen. Dieser Wert legt die Verarbeitung im weiterführenden Prozess fest und regelt, ob der Vorgang eigen- oder fremdbearbeitet ist, einen Kapazitätsbedarf erzeugt, mit allen anderen Vorgängen terminiert wird oder es sich lediglich um eine Textposition handelt.

In unserem Fahrrad-Beispiel muss der Planer nun für alle neuen, selbst hergestellten Teile einen Arbeitsplan anlegen. Im Einzelnen sind das: der Rahmen, die Gabel und der Rahmen KP. Doch auch für die Montage des fertigen Fahrrads ist ein Arbeitsplan notwendig. Sowohl Rahmen als auch Gabel werden aus Aluminiumrohren unterschiedlicher Durchmesser gefertigt. Diese werden bereits in der richtigen Länge angeliefert und vor Ort miteinander verschweißt. Der Arbeitsplaner erstellt den ersten Vorgang für das Material ET-1011 RAHMEN mit dem Arbeitsplatz ET-WC-01 SCHWEISSEN. Aus Letzterem wird der Steuerschlüssel von der Registerkarte VORLAGEN im Arbeitsplan eingetragen. In der BESCHREIBUNG benennt der Planer die zu erledigende Tätigkeit (siehe Abbildung 3.24).

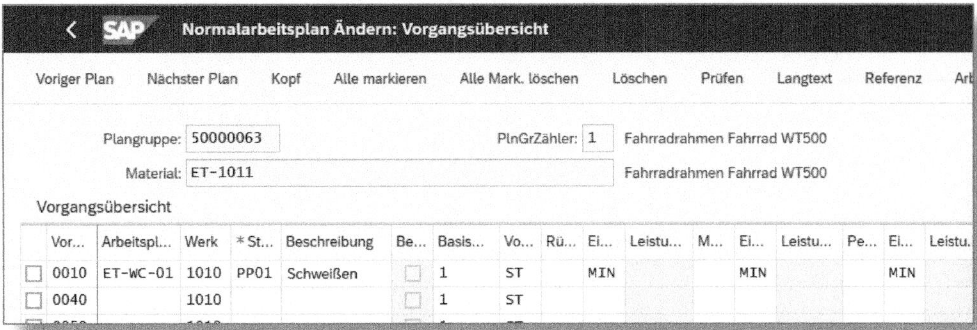

SAP Normalarbeitsplan Ändern: Vorgangsübersicht

Voriger Plan | Nächster Plan | Kopf | Alle markieren | Alle Mark. löschen | Löschen | Prüfen | Langtext | Referenz | Ar

Plangruppe: 50000063 PlnGrZähler: 1 Fahrradrahmen Fahrrad WT500

Material: ET-1011 Fahrradrahmen Fahrrad WT500

Vorgangsübersicht

	Vor...	Arbeitspl...	Werk	*St...	Beschreibung	Be...	Basis...	Vo...	Rü...	Ei...	Leistu...	M...	Ei...	Leistu...	Pe...	Ei...	Leistu.
☐	0010	ET-WC-01	1010	PP01	Schweißen	☐	1	ST		MIN			MIN			MIN	
☐	0040		1010			☐	1	ST									

Abbildung 3.24: Normalarbeitsplan – Vorgangsübersicht

Mit einem Doppelklick auf die Vorgangsnummer können anschließend die Vorgangsdetails angezeigt werden, um die weiteren Vorgaben zu erfassen (siehe Abbildung 3.25). Zur Vorbereitung des Arbeitsplatzes müssen *30* Minuten eingeplant werden, die der Planer bei RÜSTZEIT einträgt. Die eigentliche Bearbeitungszeit soll *20* Minuten betragen, diese Zeit wird im Feld PERSONENZEIT eingegeben. Da der Arbeitsplatz *Schweißen* keine Maschine beinhaltet, muss keine Maschinenzeit eingepflegt werden.

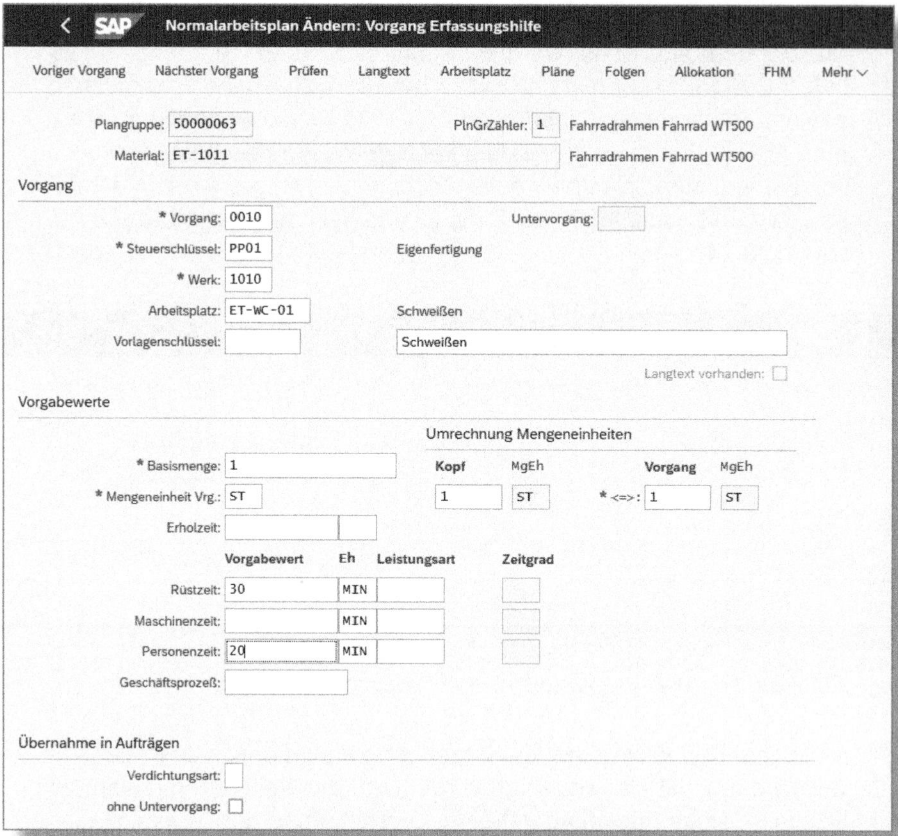

Abbildung 3.25: Vorgangsdetail, Vorgabewerte

Nach dem Schweißen muss der Rahmen eine Stunde auskühlen, bevor weitere Schritte erfolgen können. Daher gibt der Arbeitsplaner eine prozessbedingte LIEGEZEIT in den Arbeitsplan ein (siehe Abbildung 3.26). Diese wird in der Terminierung, vor dem Transport zum nächsten Arbeitsplatz, berücksichtigt.

Dieses Vorgehen wiederholt der Planer für alle Vorgänge, die zur Herstellung des Rahmens notwendig sind. So erfolgt nach dem Schweißen noch die Lackierung mit einer Grundierung sowie mit einer Rahmenfarbe.

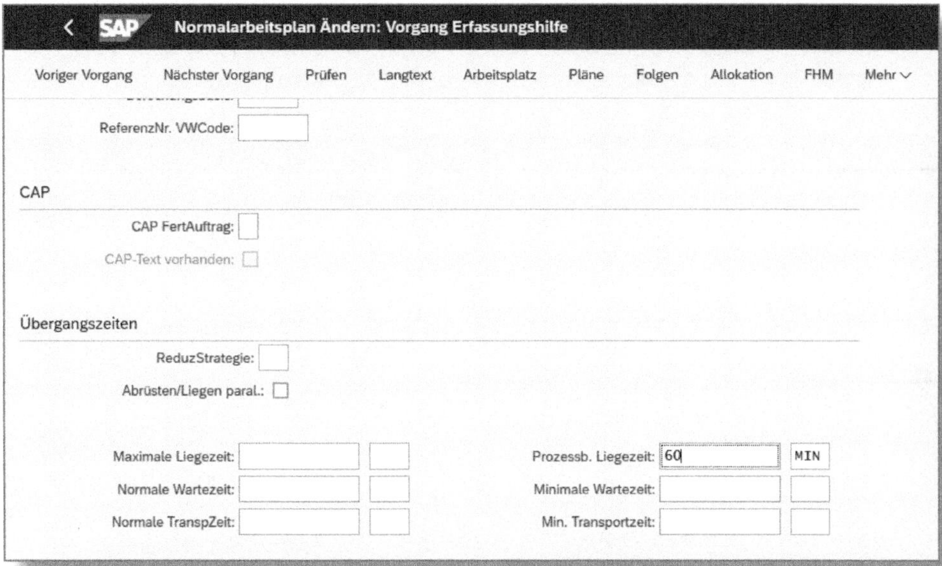

Abbildung 3.26: Vorgangsdetails, Übergangswerte

Auch für die Gabel und den kompletten Rahmen wird der Arbeitsplaner weitere Pläne anfertigen. Zusätzlich muss er Stücklisten für den Rahmen und die Gabel erstellen, da diese noch nicht vom Konstrukteur angefertigt werden konnten. Erst nachdem die Pläne entworfen und damit die Anforderungen an die Ausgangsmaterialien definiert worden sind, können die Stücklisten geschrieben werden. Diese enthalten neben den notwendigen Aluminiumrohr-Abschnitten auch die Angaben zu den Farben der Lackierung des Rahmens und der Gabel.

Da nicht alle Positionen der Stückliste bereits beim Schweißen benötigt werden, nimmt der Planer anschließend eine Zuordnung der Komponenten vor. Dazu öffnet er den Arbeitsplan mit der Fiori-App »Arbeitsplan ändern« und springt mit der Taste F7 in die KOMPONENTENZUORDNUNG. Hier markiert er durch je einen Klick auf die Schaltflächen links neben der Zeile (siehe ❶ in Abbildung 3.27) die erste und zweite Position und verknüpft diese durch einen Klick auf die Schaltfläche NEUZUORDNEN ❷ – alternativ Taste F5 – mit einem beliebigen Vorgang. Der VORGANG, dem die Komponente zugeordnet wird, kann in dem Pop-up eingegeben werden, das nach Drücken des NEUZUORDNEN-Buttons erscheint (siehe Abbildung 3.28). Auf dieselbe Weise werden die Grundierung dem VORGANG *0020* und der blaue Lack dem VORGANG *0030* zugewiesen.

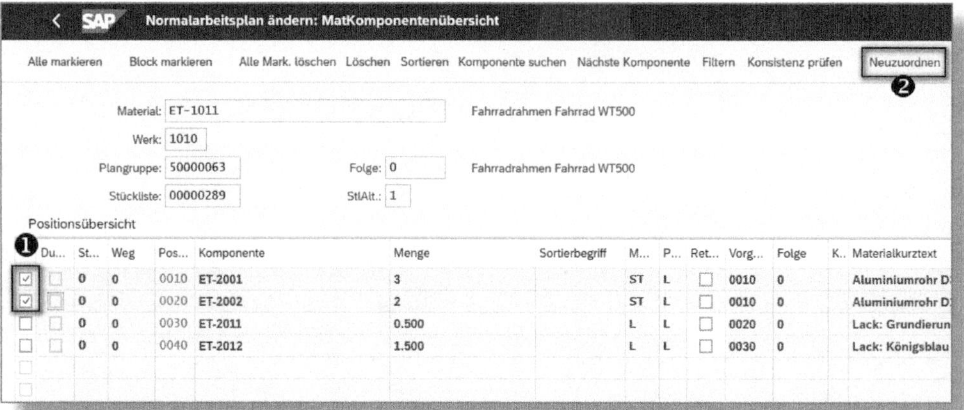

Abbildung 3.27: Arbeitsplan – Komponentenzuordnung

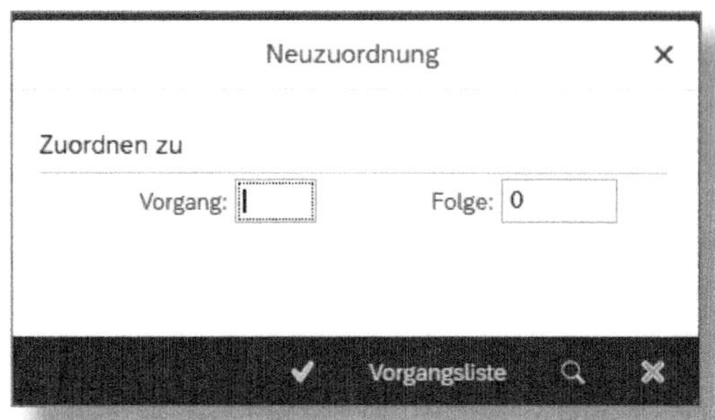

Abbildung 3.28: Arbeitsplan, Komponenten zuordnen – Pop-up

Damit sind alle für die Produktionsplanung notwendigen Stammdaten angelegt. Die Materialstammsätze mit den relevanten Sichten, die Stücklisten sowie die Arbeitsplätze und -pläne können nun genutzt werden, um die zur Deckung von Kundenauftrags- oder Vorplanbedarfen notwendigen Mengen zu bestimmen sowie die Beschaffung bzw. Herstellung zu steuern und zu überwachen. Im nächsten Kapitel werden wir uns ansehen, wie die Vorplanungsbedarfe im Rahmen der Absatz- und Produktionsgrobplanung ermittelt werden.

4 Absatz- und Produktionsgrobplanung

Erfassen Sie Ihre geplanten Absätze, planen Sie mit mehreren Hierarchiestufen, ermitteln Sie die notwendigen Ressourcenbedarfe und stellen Sie dieser Planung ein Ressourcenangebot gegenüber.

Die SAP liefert in der Absatz- und Produktionsgrobplanung eine Standardausprägung aus. Dieser Standard arbeitet nur mit Produktgruppenhierarchien und einem vorgegebenen Satz an Kennzahlen. Auch das Layout des Planungstableaus ist bereits vorkonfiguriert und kann so »out of the box« genutzt werden.

Größere Freiheiten in Bezug auf die Strukturierung Ihrer Daten, die zu planenden Kennzahlen und das Layout des Planungstableaus bietet die sogenannte *flexible Planung*. Im Folgenden werden wir Ihnen die Prozesse der Absatz- und Produktionsgrobplanung anhand der Standardkomponente *Sales and Operations Planning (SOP)* skizzieren und deren Grundlagen erläutern. Die Grobplanung ist einfach zu nutzen und erfordert kein umfangreiches Customizing, bevor sie einsatzbereit ist. Basierend auf dieser Vorarbeit, können wir in Kapitel 5 die notwendigen Produktions- und Beschaffungsmengen ermitteln.

Zu erwähnen ist hier, dass auch in SAP S/4HANA die Standard-SOP weiterhin genutzt werden kann, was allerdings nicht der zukünftigen Strategie der SAP entspricht. Deshalb wurden für die Transaktionen aus der Absatz- und Produktionsgrobplanung auch keine Fiori-Apps entwickelt. Sie finden daher im Weiteren ausschließlich eine Beschreibung der Standard-GUI-Transaktionen. Nach dem Willen der SAP soll langfristig das Tool *Integrated Business Planning (IBP)* für die Absatz- und Produktionsplanung verwendet werden und die Standard-SOP ersetzen. Ab Abschnitt 4.4, in dem die errechneten Werte aus der Standard-SOP in Planprimärbedarfe umgewandelt werden, stehen wieder Fiori-Apps zur Verfügung.

4.1 Produktgruppen

Wie schon in Abschnitt 1.1 erläutert, erfolgt die Absatz- und Produktionsgrobplanung in SAP S/4HANA auf einer aggregierten Ebene. Um eine solche Planung durchzuführen, ist die Festlegung bestimmter *Hierarchien* erforderlich, mit denen die Absatzzahlen aggregiert werden können. Dies können bspw. Kundenhierarchien nach Vertriebsregionen oder aber Produktgruppen etc. sein. Dabei unterstützt SAP S/4HANA auch mehrere Aggregationsebenen. Im Folgenden werden wir uns auf Produktgruppen als Hierarchie der Standard-SOP beschränken.

Produktgruppen sind einfach aufgebaute Datenstrukturen. Sie bestehen aus einem Kopf und den Komponenten. Die Daten im Kopf geben Auskunft über den Namen der Produktgruppe, deren Bezeichnung, das Werk und die Mengeneinheit, in der diese Produktgruppe geplant wird. Zu den Komponenten gehören neben der Materialnummer der Schlüssel für das Werk, die erforderliche Mengeneinheit und ein Anteilsfaktor, der die Verteilung der Komponenten innerhalb der Produktgruppe beschreibt.

Damit die geplante Menge der gesamten Produktgruppe auf die Materialien verteilt werden kann, die Bestandteile der Produktgruppe sind, muss deren prozentualer Anteil an der Gesamtheit bekannt sein. Es gibt zwei grundsätzliche Ansätze, wie Angaben zu diesem Anteil zustande kommen:

1. Er kann von Vertriebsexperten für die nächste Planungsperiode geschätzt werden.

2. Er wird anhand der tatsächlichen Verbrauchsmengen der Vergangenheit berechnet.

In der Praxis kann natürlich auch zunächst der Anteil aus den historischen Daten berechnet und dieser dann von den Fachleuten entsprechend den Erwartungen für die Zukunft angepasst werden.

☛ Dispositionsrelevante Produktgruppe

Bei der Übergabe von der SOP an die Programmplanung wird im Hintergrund überprüft, ob ein Material in mehreren Produktgruppen aufgeführt ist und ob eine Produktgruppe als die dispositionsrelevante gekennzeichnet ist. Für jedes Material kann es nur **eine** solche Produktgruppe geben; dadurch wird verhindert, dass es aus mehreren Produktgruppen Bedarfe erhält. Das entsprechende Kennzeichen setzen Sie in der Produktgruppe für jede Komponente einzeln.

In unserem Beispiel wurde ein neues Fahrrad entwickelt. Um die Absatzzahlen zu planen, werden wir die Materialnummer zur bestehenden Produktgruppe hinzufügen. Dazu rufen wir die Transaktion *MC86* (»Produktgruppe ändern«) entweder direkt oder über das SAP-Menü • LOGISTIK • PRODUKTION • ABSATZ-/GROBPLANUNG • PRODUKTGRUPPE auf. Im Selektionsbild (siehe Abbildung 4.1) geben wir den Namen der PRODUKTGRUPPE (in unserem Fall *ET-F-W*) und das WERK (*1010*) ein, in dem diese geplant wird.

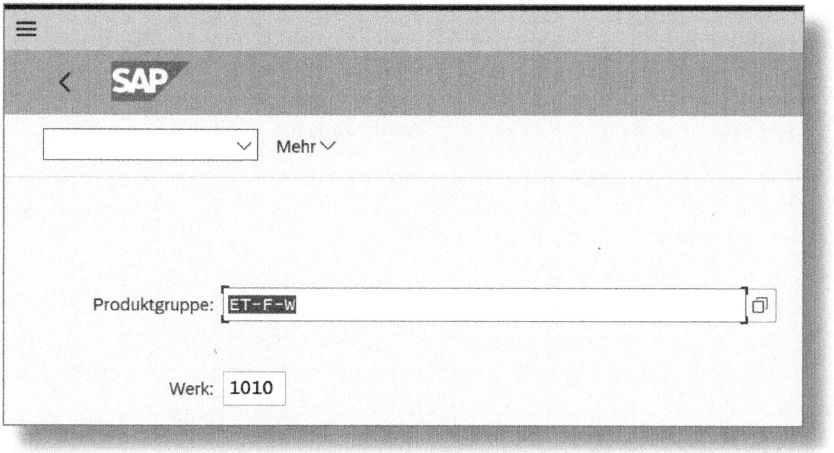

Abbildung 4.1: Selektion der Produktgruppe

Nach einem Klick auf `Enter` sehen wir die bisherige Zusammenstellung der Produktgruppe ET-F-W (Abbildung 4.2). Im oberen Teil dieser Ansicht sind die Kopfdaten der Produktgruppe und im unteren die Daten zu den einzelnen Komponenten ersichtlich.

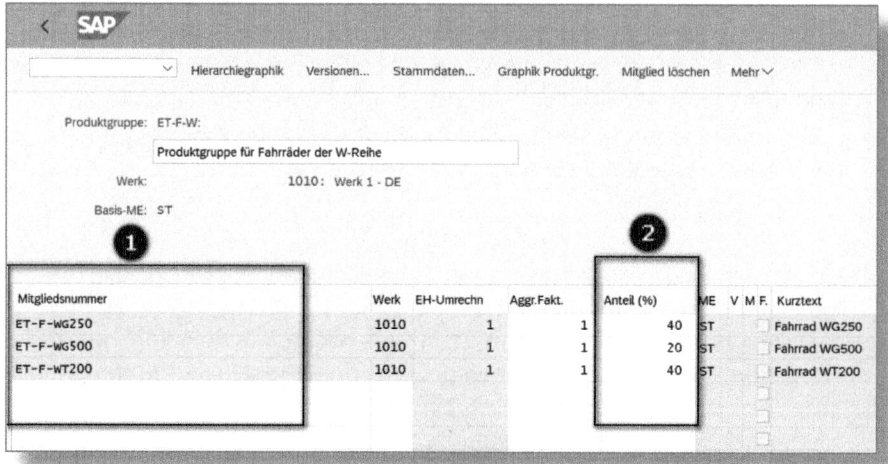

Abbildung 4.2: Darstellung der ursprünglichen Produktgruppe

Wir erkennen, dass bisher drei Fahrräder zu unserer Produktgruppe gehören ❶, und der Vertrieb in der letzten Planung von einer *40/40/20*-Verteilung ❷ ausgegangen ist. In dieser Ansicht ergänzen wir zunächst die Materialnummer des neuen Fahrrads (*ET-F-WT500*) und führen anschließend eine Anteilsberechnung durch.

Dazu wählen wir über den Menüpunkt MEHR • BEARBEITEN die Funktion ANTEILSBERECHNUNG aus (siehe Abbildung 4.3).

In dem sich nun öffnenden Pop-up werden wir vom System aufgefordert, den genauen Zeitraum zu benennen, der zur Anteilsermittlung analysiert wird (siehe Abbildung 4.4). Hier wählen wir die letzten zwölf Monate aus und führen die Analyse mit einem Klick auf den Button ✅ aus.

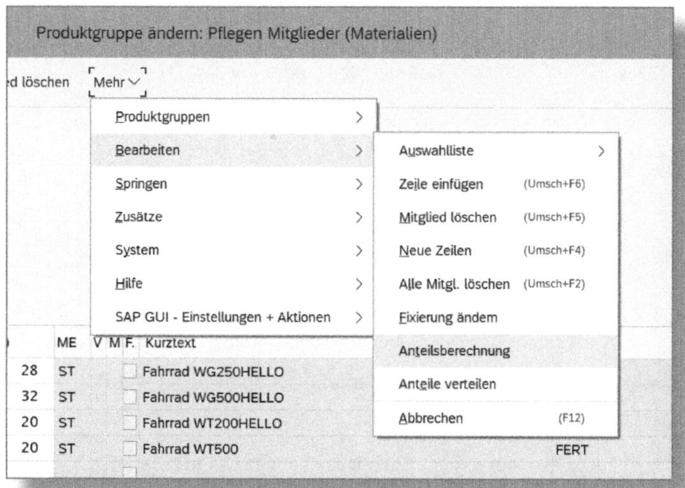

Abbildung 4.3: Anteilsberechnung ausführen

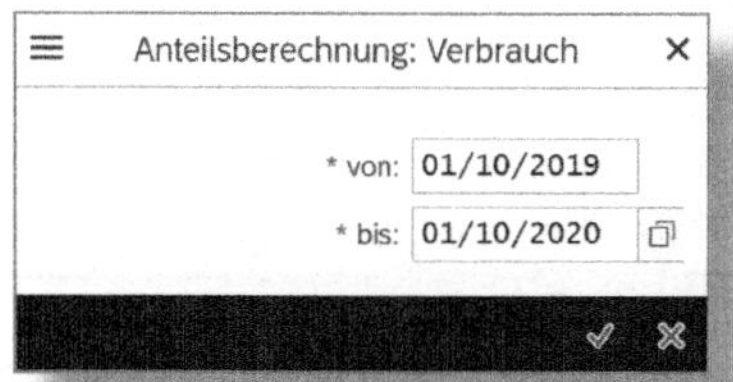

Abbildung 4.4: Zeitraum für Anteilsberechnung eintragen

Aus den Verbrauchswerten der vier Produktgruppenmitglieder wird SAP S/4HANA nun die tatsächlichen Anteile der einzelnen Materialien am Absatz der gesamten Produktgruppe ermitteln. Für die drei »alten« Materialien zeigt uns das System daraufhin eine 35/40/25-Verteilung an (Abbildung 4.5). Unser neues Fahrrad hat einen Anteil von »0« erhalten, da ja bisher noch keine Mengen gebucht worden sind.

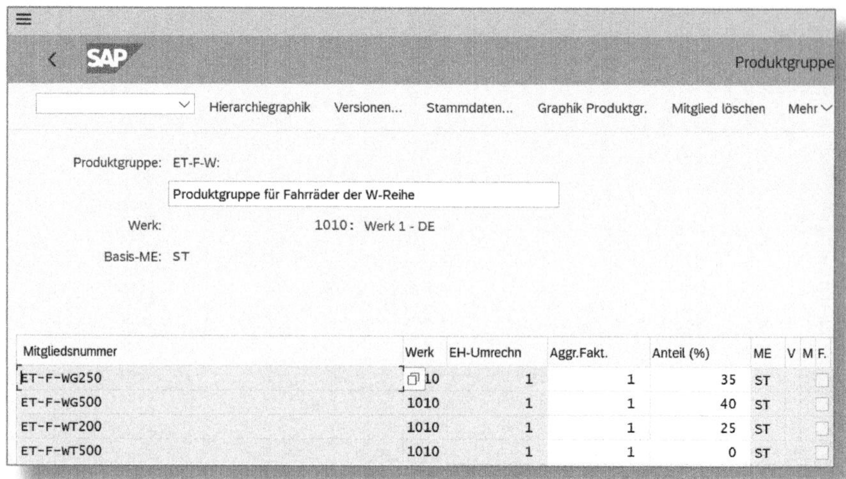

Mitgliedsnummer	Werk	EH-Umrechn	Aggr.Fakt.	Anteil (%)	ME	V	M	F.
ET-F-WG250	10	1	1	35	ST			
ET-F-WG500	1010	1	1	40	ST			
ET-F-WT200	1010	1	1	25	ST			
ET-F-WT500	1010	1	1	0	ST			

Abbildung 4.5: Aus Anteilsberechnung ermittelte Werte

Der Vertrieb hat uns mitgeteilt, dass er einen 20-prozentigen Marktanteil des neuen Fahrrads innerhalb der Produktgruppe erwartet, bei gleichmäßiger Reduzierung des Anteils der alten Artikel. Wir tragen also die neue Verteilung *28/32/20/20* in die Produktgruppe ein (siehe Abbildung 4.6) und speichern sie mit einem Klick auf **Sichern**. Damit ist die Pflege der Produktgruppe abgeschlossen.

Hierarchiegraphik Versionen... Stammdaten... Graphik Produktgr. Mitglied löschen Mehr

Produktgruppe: ET-F-W:

Produktgruppe für Fahrräder der W-Reihe

Werk: 1010: Werk 1 - DE

Basis-ME: ST

Mitgliedsnummer	Werk	EH-Umrechn	Aggr.Fakt.	Anteil (%)	ME	V	M	F.	Kurztext
ET-F-WG250	1010	1	1	28	ST				Fahrrad WG250
ET-F-WG500	1010	1	1	32	ST				Fahrrad WG500
ET-F-WT200	1010	1	1	20	ST				Fahrrad WT200
ET-F-WT500	1010	1	1	20	ST				Fahrrad WT500

Abbildung 4.6: Aktualisierte Produktgruppe

4.2 Grobplanungprofil

In Abschnitt 1.1 haben wir Ihnen gezeigt, dass im MRP-II-Konzept nach dem Absatz- und Produktionsgrobplan eine Ressourcenüberprüfung die Realisierbarkeit des Plans gewährleisten soll. Grundlage dieser Analyse ist auch in diesem Planungsschritt die Gegenüberstellung von Kapazitätsbedarf und -angebot. Letzteres wird in SAP S/4HANA aus den Arbeitsplatzdaten gelesen (vgl. dazu Abschnitt 3.3). Der Kapazitätsbedarf hingegen wird mittels sogenannter *Grobplanungsprofile* erfasst.

Diese sind im Vergleich zu den detaillierteren Arbeitsplänen sehr einfache Datenstrukturen, die es uns ermöglichen, auf einer aggregierten Sicht zu planen. Dazu stehen uns Arbeitsplatzkapazitäten, Materialien (in der Regel Rohstoffe), Fertigungshilfsmittel oder direkte Kosten als zu betrachtende Planungsengpässe zur Verfügung. Da es hier im Gegensatz zu der in Kapitel 7 behandelten Kapazitäts- um eine Grobplanung geht, werden wir nicht auf die Minute und Sekunde genau planen – auch nicht auf einzelne Arbeitsplätze, sondern auf Arbeitsplatzgruppen.

Das Grobplanungsprofil besteht aus einer einfachen Tabelle, in deren einzelnen Spalten die Perioden stehen, für welche wir den Bedarf erfassen – dies könnten z. B. Arbeitstage oder auch Kalenderwochen sein. In den Zeilen werden alle Ressourcen vermerkt, die wir über alle Stücklistenstufen hinweg zur Herstellung des Materials oder der Produktgruppe benötigen.

! Planverwendung

Stellen Sie sicher, dass die Planverwendung der Arbeitsplätze den Einsatz in Grobplanungsprofilen zulässt, wenn Sie Arbeitsplätze bzw. Arbeitsplatzgruppen nutzen wollen (vgl. dazu Abschnitt 3.3)!

Für unsere Produktgruppe ET-F-W werden wir nun ein neues Grobplanungsprofil anlegen. Dazu rufen wir die TRANSAKTION *MC35* über den Pfad SAP MENÜ • LOGISTIK • PRODUKTION • ABSATZ-/GROBPLANUNG •

WERKZEUGE • GROBPLANUNGSPROFIL auf. In dem Selektionsbild (siehe Abbildung 4.7) geben wir unsere PRODUKTGRUPPE und das WERK ein und klicken auf den Button AUSFÜHREN ❶.

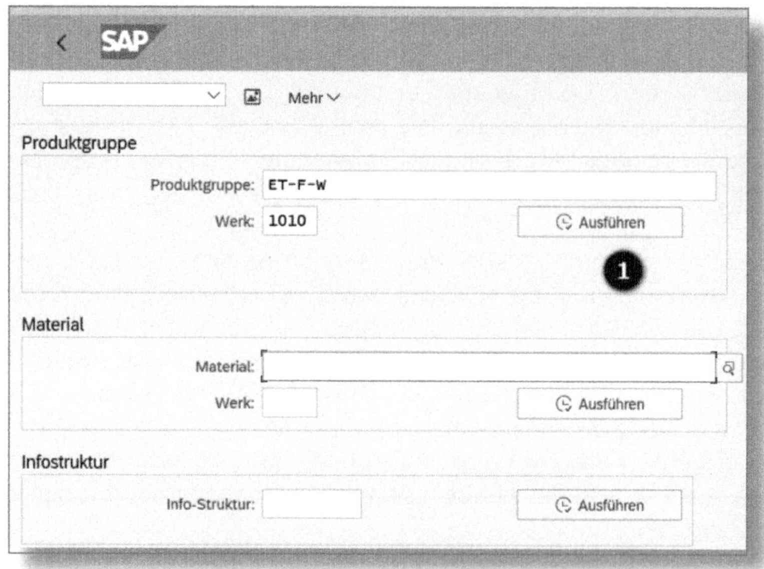

Abbildung 4.7: Grobplanungsprofil, Selektion

Weitere Grobplanungsprofile

Mit derselben Transaktion legen Sie auch Grobplanungsprofile für Materialien und für die flexible Planung an. Sie geben Ihre Daten dann in dem entsprechenden Bereich des Selektionsbildes ein und verwenden die zugeordnete Schaltfläche zum Ausführen.

Es öffnet sich ein Pop-up (Abbildung 4.8), in dem wir die allgemeinen Daten des Profils eintragen. Das ZEITRASTER ❶ steuert, wie viele ARBEITSTAGE zu einer Periode (sprich: zu einer Spalte im Tableau) zusammengefasst werden. Die BEZUGSMENGE ❷ entspricht der Basismenge, für die wir den Ressourcenbedarf im Tableau hinterlegen. Die Felder der Selektionsdaten ❸ sind bereits aus dem Arbeitsplan (vgl. Abschnitt 3.4) bekannt und werden ebenfalls entsprechend gefüllt.

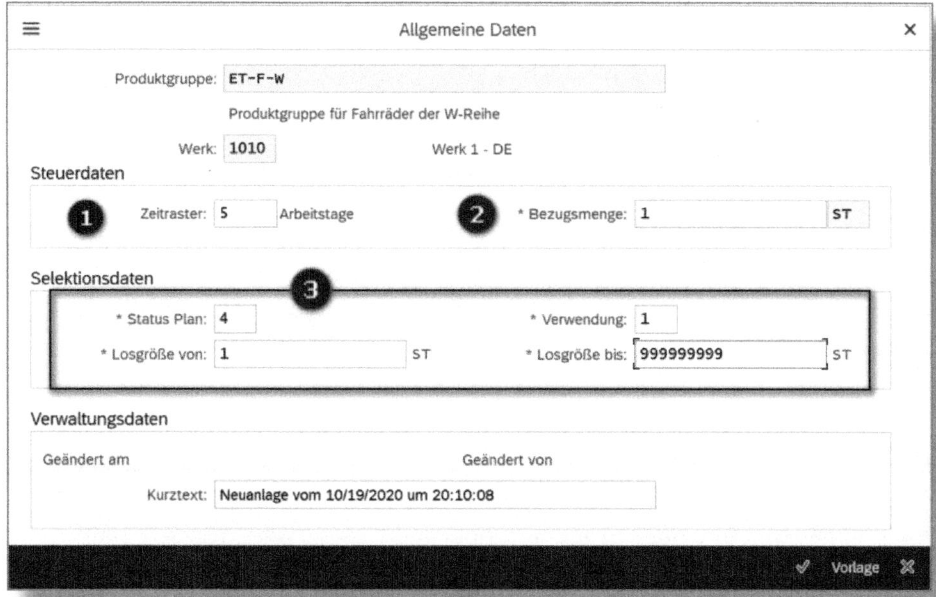

Abbildung 4.8: Grobplanungsprofil, Allgemeine Daten

Mit einem Klick auf den »Weiter«-Button ✅ gelangen wir zum eigentlichen Grobplanungsprofil (Abbildung 4.9).

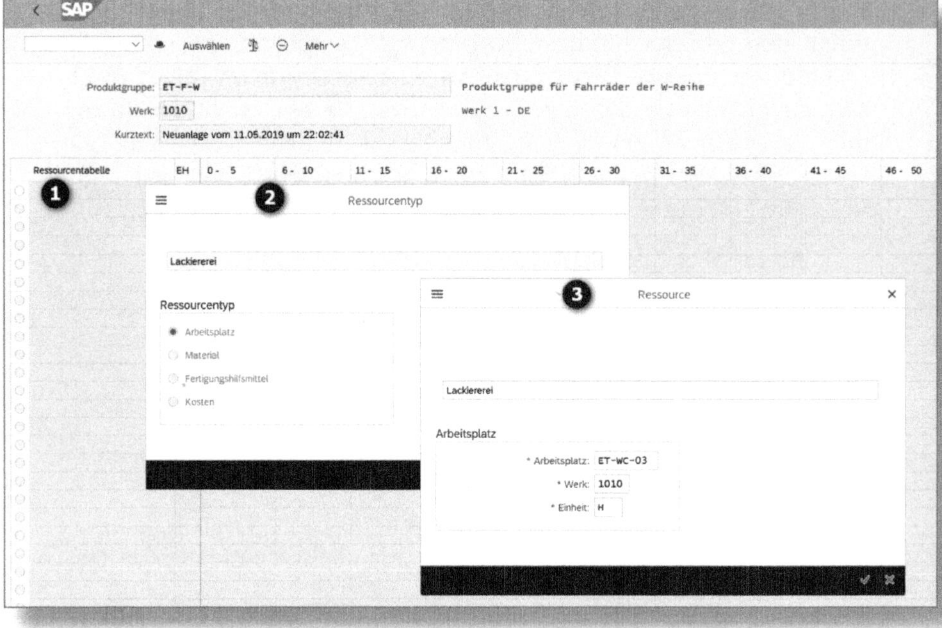

Abbildung 4.9: Einbinden einer Ressource im Grobplanungsprofil

Hier sehen wir in den Spalten die eingestellten Perioden; in den einzelnen Zeilen können wir die für die Grobplanung benötigten Ressourcen eintragen. Für unsere Produktgruppe sind dies die ARBEITSPLATZGRUPPEN *Montage* und *Lackiererei*. Dazu führen wir einen Doppelklick auf das Feld in der ersten Spalte aus ❶. In dem sich nun öffnenden Pop-up ❷ geben wir einen freien Namen für die Ressource ein (in unserem Fall zunächst *Lackiererei*) und wählen als RESSOURCENTYP den *Arbeitsplatz* aus. In dem zweiten Pop-up ❸, das nach einem Klick auf den (in der Abbildung verdeckten) grünen Haken ✅ erscheint, geben wir den tatsächlichen ARBEITSPLATZ *ET-WC-03*, das WERK *1010* und die MAẞEINHEIT der Arbeit, *H* (Stunde), ein. Wir schließen alle Pop-ups mit ✅ und wiederholen diese Schritte auch für den zweiten Arbeitsplatz.

Da zwischen den Arbeitsschritten auf diesen beiden Arbeitsplätzen ca. eine Woche liegt, schreiben wir den KAPAZITÄTSBEDARF in Stunden für das Lackieren in die erste und den für die Montage in die zweite Spalte (vgl. ❶ in Abbildung 4.10). Nachdem die Eingaben getätigt sind, werden Sie mithilfe der Schaltfläche Sichern gespeichert.

Wir haben nun ein Grobplanungsprofil erstellt, mit dem wir die geplanten Produktionsmengen einer *Kapazitätsanalyse* unterziehen können.

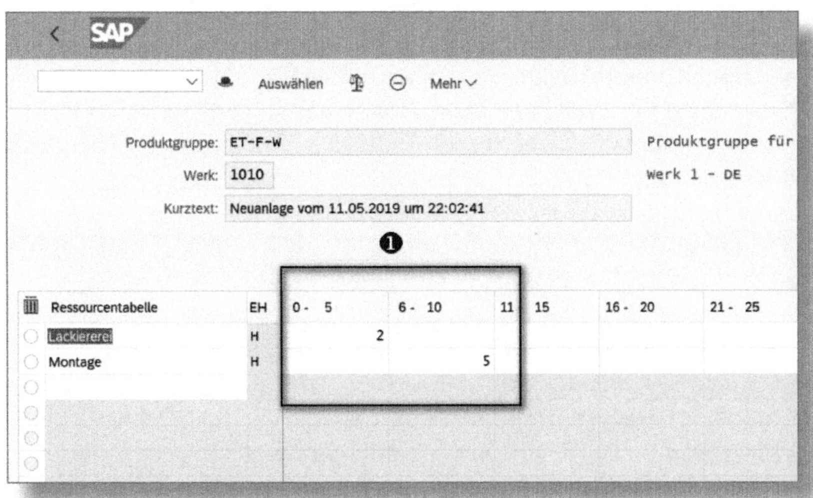

Abbildung 4.10: Ressourcenbedarf im Grobplanungsprofil

4.3 Standard-SOP

Die SAP stellt Ihnen mit der Standardplanung eine vorkonfigurierte *Planungsmappe* für die Planung von Absatz- und Produktionsmengen sowie Beständen zur Verfügung.

Wie bereits in der Kapiteleinleitung beschrieben, nutzt die Standard-SOP ein einfaches Planungstableau mit sechs festgelegten Kennzahlen, von denen vier – ABSATZ, PRODUKTION, ZIELLAGERBESTAND und ZIELREICHWEITE – geändert werden können. Die Kennzahlen LAGERBESTAND und REICHWEITE werden automatisch aus dem Absatz und der Produktion berechnet.

Zur Ermittlung der *Absatzzahlen* bieten sich mehrere Möglichkeiten. Die einfachste besteht sicherlich darin, dass Sie die Planwerte **manuell** in das Tableau eintragen. SAP bietet Ihnen aber auch Alternativen, die Daten zu generieren bzw. zu übernehmen. Wenn bereits im Vertriebsinformationssystem oder im CO-PA eine Absatzplanung durchgeführt wurde, können Sie diese Werte direkt übernehmen.

Außerdem ist es möglich, die Absatzzahlen auf Basis der Vergangenheitsdaten **prognostizieren** zu lassen. Wenn Sie sich dazu entscheiden, haben Sie die Auswahl zwischen unterschiedlichen Prognosemodellen (Konstant-, Saison-, Trend- und Trendsaisonmodelle, vgl. Abbildung 4.13).

Prognosemodelle

Eine detaillierte Erläuterung aller Prognosemodelle sprengt den Rahmen dieses Buches. Sie können sich aber in hilfreicher weiterführender Literatur wie z. B. »Produktionsplanungs- und -steuerungssysteme – Konzepte und exemplarische Implementierungen mithilfe von SAP® R/3®« (Zelewski/Hohmann/Hügens, Oldenbourg, 2008) dazu informieren.

Auch bei der Generierung der *Produktionsmengen* können Sie sich von SAP S/4HANA unterstützen lassen. Dazu stellt Sie die Standard-SOP vor die Entscheidung, absatzsynchron zu planen – oder so, dass Sie einen vorgegebenen Ziellagerbestand bzw. eine Zielreichweite realisieren.

Der *Kapazitätsabgleich* schließlich erlaubt es Ihnen, sich den Ressourcenverbrauch der geplanten Produktionsmenge anzeigen zu lassen und mit dem Ressourcenangebot zu vergleichen. Sollte es hier zu Überlastungen kommen, haben Sie die Möglichkeit, diese zu identifizieren und geeignete Maßnahmen zu treffen. Diese können sowohl eine Verschiebung der Produktionsmengen als auch – da es sich um eine langfristige Planung handelt – eine Verbesserung des Kapazitätsangebotes sein.

In den Abschnitten 4.1 und 4.2 haben wir die Grundlagen für die SOP gelegt. Nun wollen wir für unsere Produktgruppe die Planung auch tatsächlich durchführen. Da es bereits aus dem letzten Planungszyklus die aktive Planungsversion gibt, starten wir die Transaktion *MC82* aus dem Menü LOGISTIK • PRODUKTION • ABATZ-/GROBPLANUNG • PLANUNG • FÜR PRODUKTGRUPPEN.

Auf dem Selektionsbild (siehe Abbildung 4.11) geben wir unsere PRODUKTGRUPPE *ET-F-W* sowie das WERK *1010* ein und wählen die Schaltfläche AKTIVE VERSION ❶ aus.

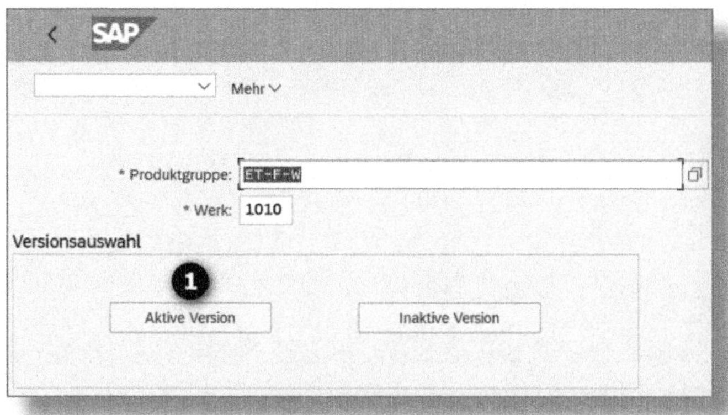

Abbildung 4.11: Einstieg in die Standard-SOP

Inaktive Version

Die Standard-SOP gibt Ihnen die Möglichkeit, in mehreren Versionen zu planen, diese Pläne zu überprüfen und miteinander zu vergleichen. Hierzu legen Sie INAKTIVE VERSIONen an, von denen es im Gegensatz zur aktiven Version beliebig viele geben kann. Am besten nutzen Sie die inaktiven Versionen zum Testen unterschiedlicher Szenarien und kopieren dann die genehmigte und abgestimmte in die aktive Version A00.

Wir gelangen nun in das Planungstableau der Standard-SOP (siehe Abbildung 4.12). Im Kopf ➊ werden der Name der PRODUKTGRUPPE, das WERK sowie die VERSION, für die wir gerade die Planung durchführen, angezeigt. Darunter ➋ befindet sich der Detailbereich, in dem die Planungskennzahlen und Planungsperioden dargestellt werden.

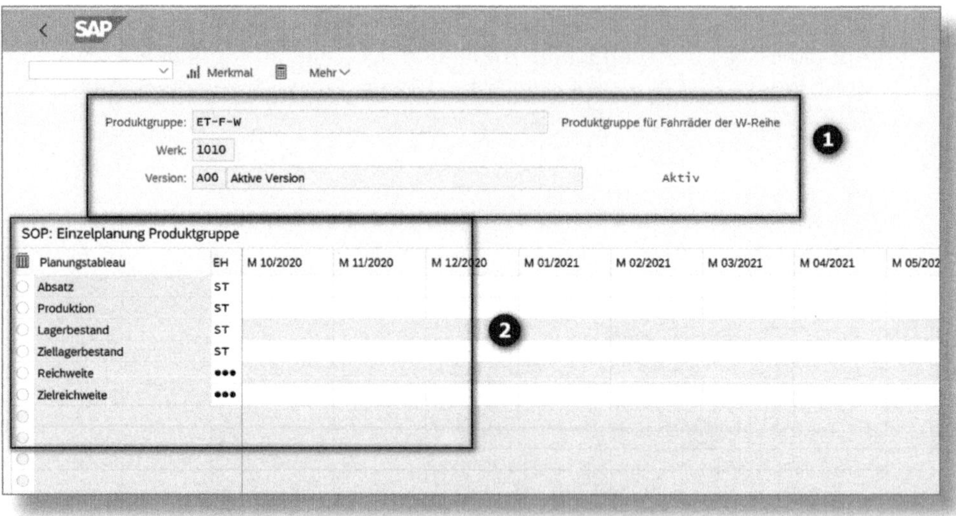

Abbildung 4.12: Planungstableau der Standard-SOP

Die wichtigsten Funktionen für die Planung lassen sich über die Menüpfade MEHR • BEARBEITEN • ABSATZPLAN ERSTELLEN und MEHR • BEARBEITEN • PROD.PLAN ERSTELLEN erreichen. In unserem Fall gibt es keine vorgelagerte Planung, die wir übernehmen könnten, daher werden wir zunächst eine Prognose als Grundlage der Planung nutzen.

Wir starten die *Prognose* über MEHR • BEARBEITEN • ABSATZPLAN ERSTELLEN • PROGNOSE... und werden in einem Pop-up (siehe Abbildung 4.13) dazu aufgefordert, die Modellauswahl durchzuführen:

Zunächst geben wir die PERIODENINTERVALLE ➊ für die PROGNOSE und für die VERGANGENHEITSDATEN ein. Wir überlassen es SAP S/4HANA, das am besten geeignete Prognosemodell zu ermitteln, indem wir bei

PROGNOSEDURCHFÜHRUNG die AUTOM. MODELLAUSWAHL ❷ markieren. Durch einen Klick auf die Schaltfläche VERGANGENHEIT... lassen wir uns die gewünschte ANZAHL an Vergangenheitswerten anzeigen.

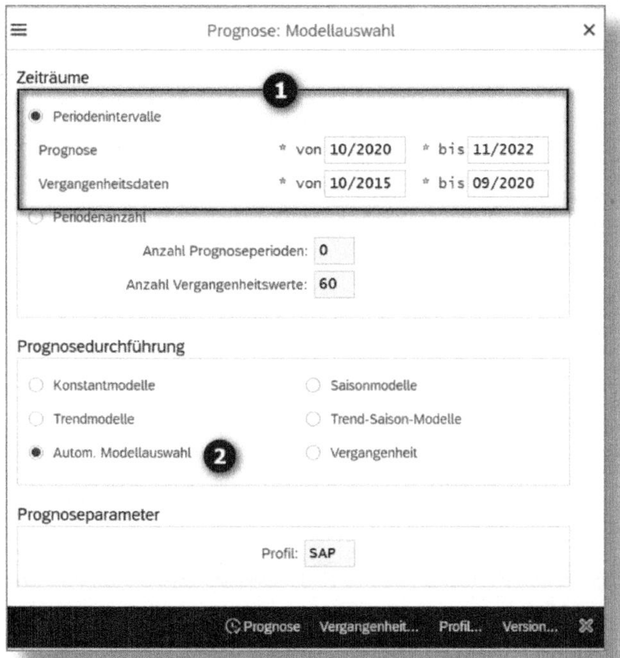

Abbildung 4.13: Prognose, Modellauswahl

In dem sich nun öffnenden Fenster (Abbildung 4.14) werden für gewöhnlich die Verbrauchswerte der Vergangenheit angezeigt; wir könnten diese auf »Ausreißer« – also auf im Vergleich stark vom Durchschnitt abweichende Werte – hin kontrollieren, die unsere Prognose negativ beeinflussen. Solche Ausreißer können durch Lieferengpässe oder einmalige Großbestellungen entstehen. Wir haben hier, da keine Verbrauchswerte vorlagen, alle Werte als korrigiert eingegeben, damit die Prognose zu einem Ergebnis gelangt.

Abbildung 4.14: Prognose Vergangenheit

Wir verlassen dieses Fenster, indem wir auf die Schaltfläche PROGNOSE klicken.

Im nächsten Schritt starten wir die Prognose. Es erscheint ein weiteres Fenster zur Modellauswahl (siehe Abbildung 4.15), in dem wir den SAP-Vorschlag zum Test auf TREND UND SAISON bestätigen. Auch dieses Fenster verlassen wir durch einen Klick auf die Schaltfläche PROGNOSE bzw. über [F8].

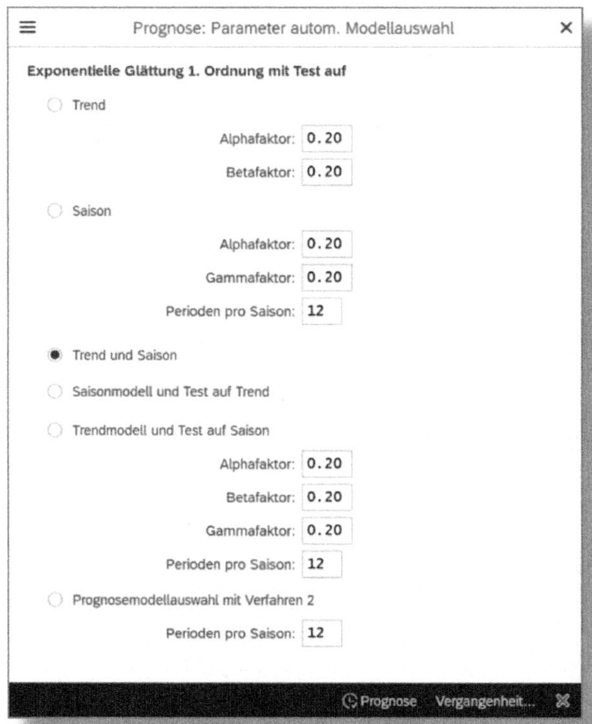

Abbildung 4.15: Prognose, Parameter »Automatische Modellauswahl«

Nun sehen wir das Ergebnis der Prognose in einem weiteren Pop-up (siehe Abbildung 4.16):

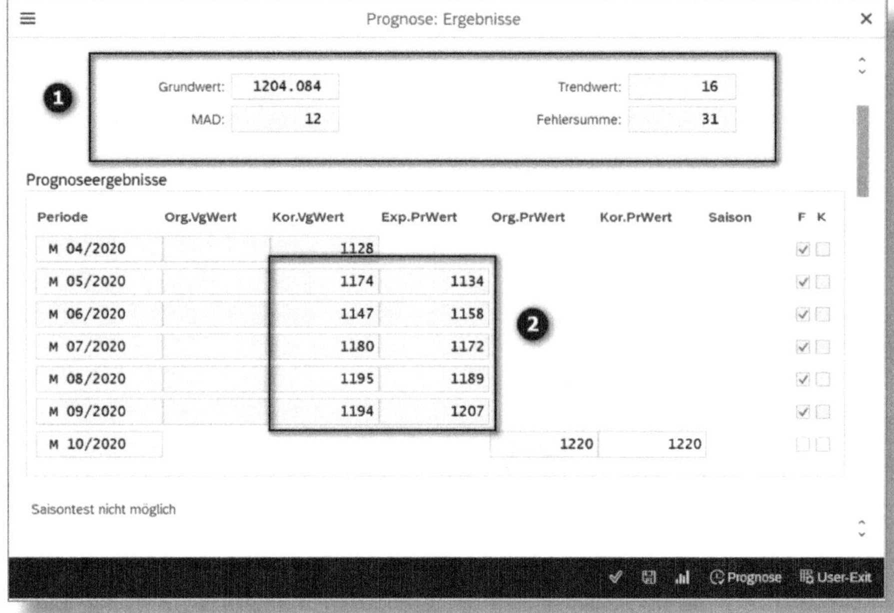

Abbildung 4.16: Prognose, Ergebnisse – Ex-post-Prognose

Den Kopfdaten ❶ entnehmen wir Informationen zur Bewertung der Prognose, dies sind in unserem Fall:

- der GRUNDWERT der Prognose von *1204,084*,
- der TRENDWERT von *16*,
- die MAD (mittlere absolute Abweichung) von *12*,
- die FEHLERSUMME der Ex-post-Prognose, in unserem Fall *31*.

Der *Grundwert* spielt eine entscheidende Rolle für die Berechnung der Prognosewerte einer Periode. Je nach Prognosemodell werden unterschiedliche mathematische Formeln zu seiner Berechnung herangezogen, auf die wir hier nicht näher eingehen.

Auch der *Trendwert* fließt in die Berechnung der Prognosewerte mit ein, allerdings nur beim Trendmodell. Bei dem Konstant- bzw. Saisonmodell spielt dieser Wert keine Rolle und wird auf 0 gesetzt.

Über die *Fehlersumme* und die *mittlere absolute Abweichung (MAD)* lassen sich unterschiedliche Prognosen miteinander vergleichen. Die Fehlersumme beschreibt die Differenz zwischen Vergangenheitswert (Istwert) und Prognosewert. Diese Differenz wird über alle Perioden summiert und ergibt die Fehlersumme. Die MAD stellt eine mittlere Abweichung zwischen Periodenwert und Vergangenheitswert für die betrachteten Perioden dar. Im Allgemeinen bedeutet das: Je kleiner die Fehlersumme und die MAD, desto besser die Prognose.

Die detaillierten Formeln für die Berechnung der genannten Werte pro Modell finden Sie unter dem Link: *https://help.sap.com/viewer/42ad0c855a03441abde4d5db2fef5a65/6.06.20/de-DE/ca6db6531de6b64ce10000000a174cb4.html*

Die Details ❷ zeigen für die Vergangenheitsperioden die Verbrauchswerte (KOR.VGWERT) und die sogenannten *Ex-post-Prognosewerte*. Diese werden verwendet, um das Prognosemodell an den aus der Vergangenheit bekannten Werten zu testen und die Kennzahlen MAD und FEHLERSUMME zu berechnen.

Wenn wir im Prognoseergebnis weiter hinunterscrollen (siehe Abbildung 4.17), sehen wir die Prognosewerte ❶ für das in Abbildung 4.13 eingegebene Prognoseintervall. Auch diese können wir im Bedarfsfall durch Einträge in der Spalte KOR.PRWERT manuell korrigieren.

Durch Doppelklick auf ❷ öffnet sich das *Ablauf- und Fehlermeldungsprotokoll* (vgl. Abbildung 4.18) der Prognose, in dem alle Meldungen festgehalten sind, die während des Programmablaufs erzeugt worden sind.

Nachdem wir das Protokoll wieder geschlossen haben, übernehmen wir die Ergebnisse durch einen Klick auf den Haken ✅ in Abbildung 4.17, da wir mit ihnen zufrieden sind.

Abbildung 4.17: Prognose, berechnete Ergebnisse

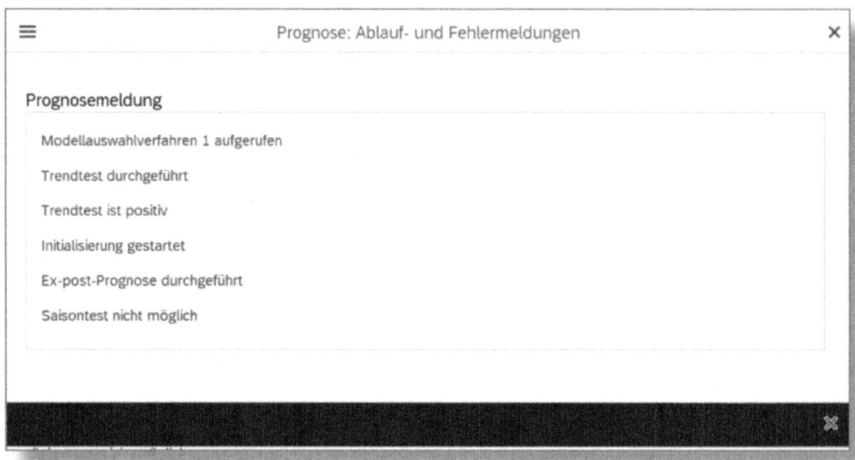

Abbildung 4.18: Prognose, Ablauf- und Fehlermeldungen

Nun sind die Werte in der Kennzahl ABSATZ übernommen worden. Um jetzt die Produktionsmengen hinzuzufügen, wählen wir den Menüpunkt MEHR • BEARBEITEN • PROD.PLAN ERSTELLEN • ABSATZSYNCHRON aus. Hierbei werden die Absatzmengen 1:1 als Produktionsmengen übernommen. Unsere Planungsmappe (siehe Abbildung 4.19) weist nun Absatz- und Produktionszahlen aus.

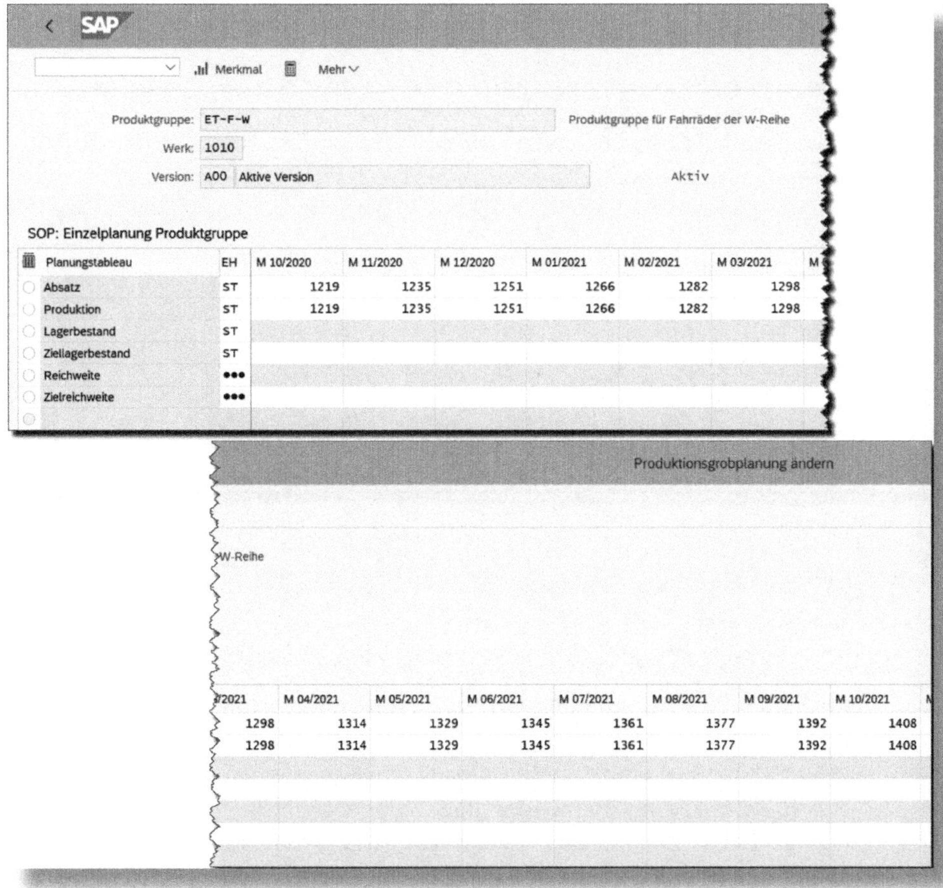

Abbildung 4.19: Planungstableau mit Absatz- und Produktionsmengen

Wir wissen aber noch nicht, ob sich diese Produktion tatsächlich auch so realisieren lässt, und starten jetzt die Kapazitätsauswertung, indem wir den Menüeintrag MEHR • SICHTEN • KAPAZITÄTSSITUATION • GROBPLANUNG • EINBLENDEN auswählen. Unter unserem Planungstableau sehen wir nun die Tabelle der RESSOURCENBELASTUNG. Für jede Ressource, die wir im Grobplanungsprofil angegeben haben, wird ein Abschnitt, bestehend aus KAPAZITÄTSANGEBOT, KAPAZITÄTSBEDARF und KAPAZITÄTSAUSLASTUNG, dargestellt – wie in Abbildung 4.20 zu sehen.

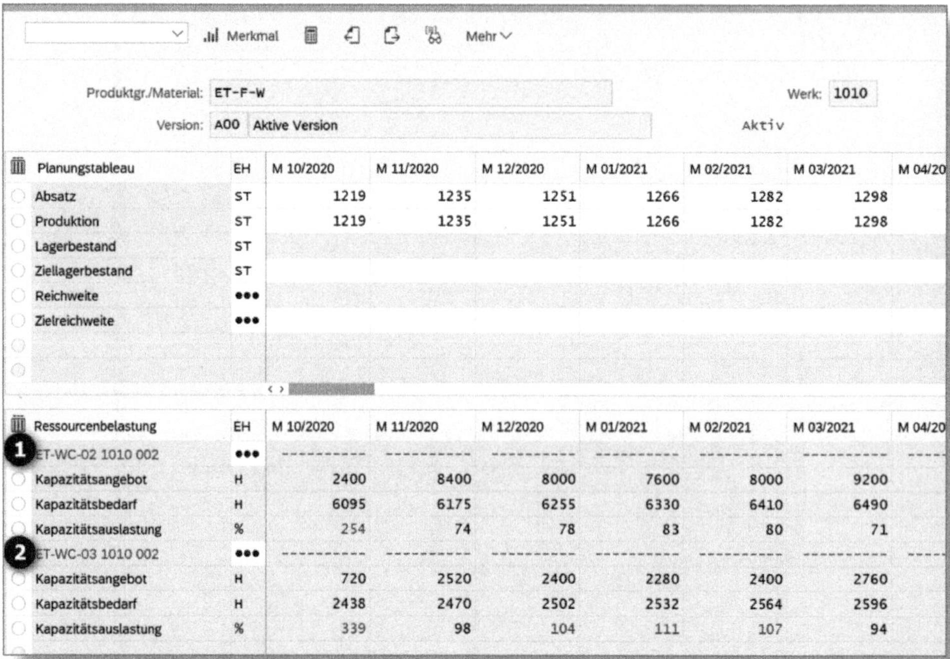

Merkmal Mehr

Produktgr./Material: ET-F-W Werk: 1010

Version: A00 Aktive Version Aktiv

Planungstableau	EH	M 10/2020	M 11/2020	M 12/2020	M 01/2021	M 02/2021	M 03/2021	M 04/20
Absatz	ST	1219	1235	1251	1266	1282	1298	
Produktion	ST	1219	1235	1251	1266	1282	1298	
Lagerbestand	ST							
Ziellagerbestand	ST							
Reichweite	•••							
Zielreichweite	•••							

Ressourcenbelastung	EH	M 10/2020	M 11/2020	M 12/2020	M 01/2021	M 02/2021	M 03/2021	M 04/20
1 ET-WC-02 1010 002	•••	----------	----------	----------	----------	----------	----------	----
Kapazitätsangebot	H	2400	8400	8000	7600	8000	9200	
Kapazitätsbedarf	H	6095	6175	6255	6330	6410	6490	
Kapazitätsauslastung	%	254	74	78	83	80	71	
2 ET-WC-03 1010 002	•••	----------	----------	----------	----------	----------	----------	----
Kapazitätsangebot	H	720	2520	2400	2280	2400	2760	
Kapazitätsbedarf	H	2438	2470	2502	2532	2564	2596	
Kapazitätsauslastung	%	339	98	104	111	107	94	

Abbildung 4.20: Planungstableau mit Ressourcenbelastung

Das KAPAZITÄTSANGEBOT ergibt sich aus den Einstellungen der Arbeitsplatzkapazität, die wir (siehe Abschnitt 3.3) vorgenommen haben. Entsprechend dem für das Werk geltenden Arbeitskalender wird für die monatliche Planungsperiode bestimmt.

Für den KAPAZITÄTSBEDARF wird das Grobplanungsprofil einfach mit der geplanten Produktionsmenge multipliziert und in der Kapazitätsauslastung zum Angebot in Bezug gesetzt.

Wenn wir uns die Kapazitätsauslastung anschauen, wird deutlich, dass am Arbeitsplatz ET-WC-02 ❶ (Lackiererei) nicht genügend Kapazität zur Verfügung steht: Die maximale Kapazitätsauslastung liegt bei *254 %*. Auch die Montage – Arbeitsplatz ET-WC-03 ❷ – wird mit den geplanten Mengen aufgrund des begrenzten Kapazitätsangebotes nicht zurechtkommen. Deren Kapazitätsauslastung liegt bei bis zu *339 %*. An der Stelle haben wir mehrere Möglichkeiten, dem Problem zu begegnen:

- Die erste besteht darin, die Absatzmenge zu reduzieren – dies ist vermutlich die am wenigsten praktikable Lösung, da dies einen Umsatzverzicht bedeuten würde.
- Eine Alternative ist das Vorziehen der Produktion, um dann die höheren erwarteten Absätze aus dem Lagerbestand bedienen zu können – leider funktioniert diese Lösung nur bei zeitlich begrenzten Absatzspitzen.
- Die dritte Variante beinhaltet die Erhöhung des Kapazitätsangebotes durch Einrichten eines weiteren Arbeitsplatzes oder Einsatz einer weiteren Schicht auf den bereits bestehenden Arbeitsplätzen.

4.4 Disaggregation und Übergabe der Bedarfe

Die Produktionszahlen liegen noch immer in einer groben Auflösung in den Strukturen der SOP vor. Um in der Bedarfsplanung mit diesen Zahlen weiterarbeiten zu können, müssen sie über die Programmplanung auf die Ebene »Material je Werk« verteilt werden. Auch zeitlich ist unter Umständen eine Aufschlüsslung auf Wochen oder Tage angezeigt.

SAP S/4HANA hilft Ihnen auch bei dieser Aufgabe. Für die *hierarchische Aufteilung der Mengen* wird der Anteilsfaktor aus der Produktgruppe genutzt. Durch diesen können die Mengen, welche auf Ebene der Produktgruppe vorliegen, auf die Ebene des einzelnen Materials transferiert werden.

Wie wir gesehen haben, lassen sich in einer Produktgruppe auch Eintragungen zu einem Material in zwei unterschiedlichen Werken machen und so eine Aufteilung von Mengen auf zwei oder mehr Werke erwirken. Diese Aufgabe starten Sie am besten noch aus der SOP heraus: mit der Transaktion *MC75* (Übergabe Plandaten an die Programmplanung). Sie finden diese auch über den Pfad SAP MENÜ • LOGISTIK • PRODUKTION • ABSATZ-/GROBPLANUNG • DISAGGREGATION.

Zeitliche Aufteilung der Planmengen

Der Bedarf einer zeitlichen Disaggregation richtet sich nach dem *Planungsszenario* und der *Produktionshäufigkeit*: Wenn das Produkt beispielsweise mehrmals im Monat produziert wird, der Bedarf aber nur monatlich in die Bedarfsplanung übergeben wird, wird diese keinen realistischen Beschaffungsvorschlag generieren können.

Die zeitliche Aufteilung unterstützt SAP S/4HANA dahingehend, dass eine Verteilung immer unter Zuhilfenahme der Arbeitstage erfolgt. Dadurch ist bei einer Verteilung von Monaten auf Wochen gewährleistet, dass diese auch dann korrekt ist, wenn der Monats- nicht mit dem Wochenwechsel zusammenfällt. Ebenso ist die Aufteilung auf Tage problemlos machbar. Dabei kommt immer der Fabrikkalender des Werkes zum Einsatz – dadurch sind Sie in der Disaggregation auch nicht auf eine Fünf-Tage-Woche beschränkt, sondern können den Bedarf auf alle bei Ihnen definierten Arbeitstage verteilen.

Wir werden jetzt unsere Produktgruppenplanung, die wir in diesem Kapitel erstellt und für die wir die Ressourcensituation überprüft haben, auf Material/Werks-Ebene und auf Wochen verteilen. Dazu rufen wir die Transaktion *MC75* auf. Im Selektionsbild (siehe Abbildung 4.21) geben wir unsere PRODUKTGRUPPE *ET-F-W*, das WERK *1010* und die Plan-VERSION *A00* ein ❶.

Bei der ÜBERGABESTRATEGIE ❷ wählen wir PRODUKTIONSPLAN MATERIAL(IEN) ALS ANTEIL PG aus. Den Übergabezeitraum ❸ stellen wir passend zu unserem Planungsszenario ein. Anschließend führen wir die Transaktion durch einen Klick auf ÜBERGABE AUSFÜHREN ❹ aus.

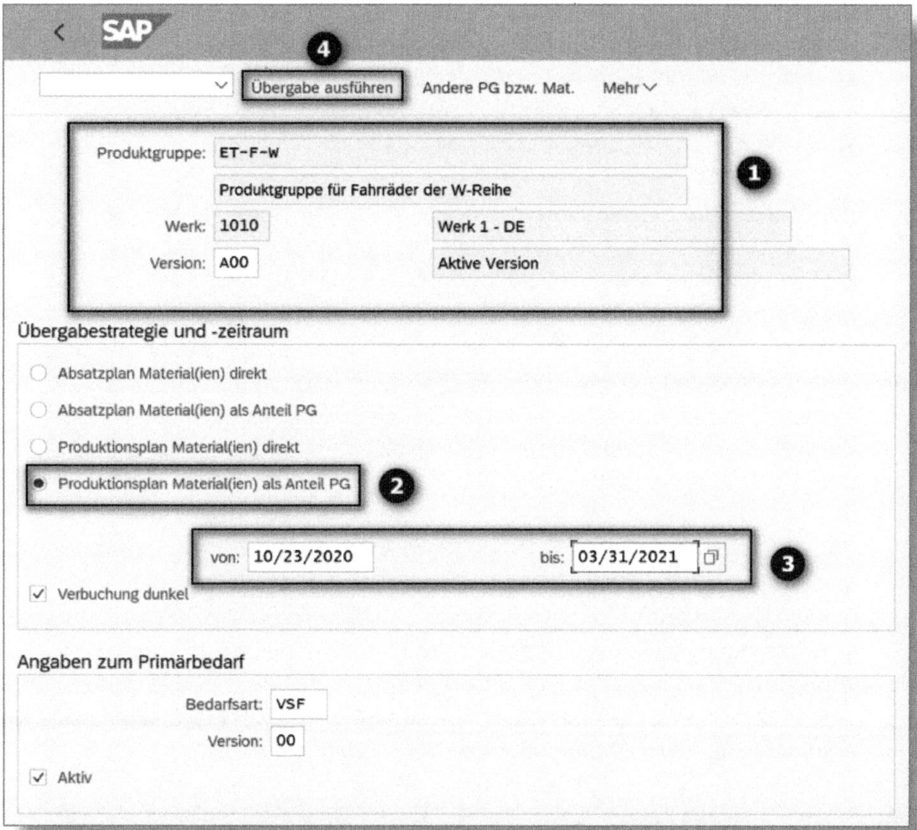

Abbildung 4.21: Übergabe Plandaten an die Programmplanung

Zeitliche Aufteilung innerhalb der SOP

Grundsätzlich gibt es auch in der SOP die Möglichkeit zur Disaggregation. Allerdings sind die Planwerte dann immer noch nur Bestandteile der SOP und für die Materialbedarfsplanung nicht ersichtlich. Wir beschreiben daher die Vorgehensweise mit Übergabe an die Materialbedarfsplanung.

Um den Erfolg der Übergabe zu verifizieren, öffnen wir nun die Planprimärbedarfe mit der Fiori-App »Planprimärbedarf ändern« (ab hier stehen uns wieder Fiori-Apps zur Verfügung) bzw. mit der Transaktion *MD62* (Pfad: Logistik • Produktion • Produktionsplanung • Programmplanung • Planprimärbedarf).

Wir starten die Transaktion mit unserer Produktgruppe, dem Werk und der Auswahl Alle aktiven Versionen. Wir bekommen erneut ein Planungstableau angezeigt (siehe Abbildung 4.22), diesmal jenes der Programmplanung.

In den Kopfdaten sehen wir die ausgewählte Produktgruppe und den selektierten Planungszeitraum. Der Detailbereich besteht aus drei unterschiedlichen Registerkarten: dem Tableau selbst, den Positionen und den Einteilungen.

Das Tableau zeigt Ihnen in den ersten Spalten die Materialnummer, das Werk bzw. den Dispositionsbereich, die Version (VS), das Aktiv-Flag und die Basismengeneinheit (BME). Daran schließen sich die Spalten für die Planungsperioden an. Diese Spalten sind dynamisch und können sowohl Monate als auch Wochen und Tage anzeigen. Sogar eine Mischung aus all diesen Perioden ist möglich, wenn Sie z. B. zwei Materialien mit unterschiedlichen Planungsperioden betrachten wollen.

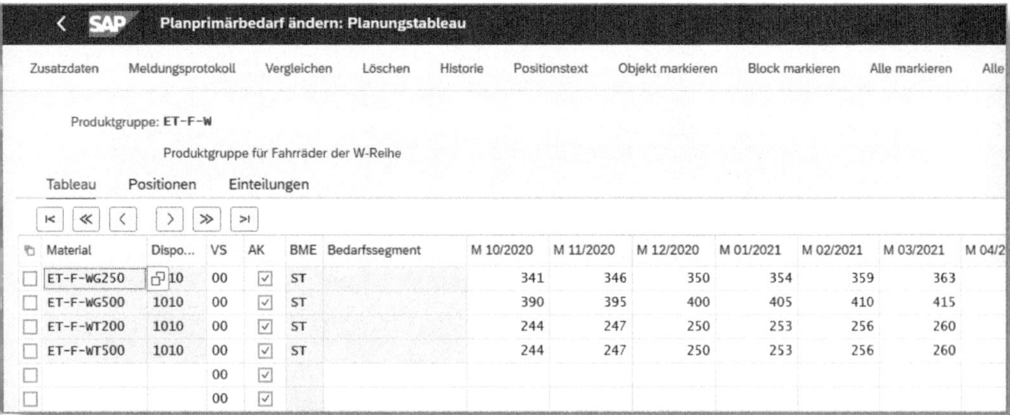

Planprimärbedarf ändern: Planungstableau

Zusatzdaten Meldungsprotokoll Vergleichen Löschen Historie Positionstext Objekt markieren Block markieren Alle markieren Alle

Produktgruppe: ET-F-W

Produktgruppe für Fahrräder der W-Reihe

Tableau Positionen Einteilungen

Material	Dispo...	VS	AK	BME	Bedarfssegment	M 10/2020	M 11/2020	M 12/2020	M 01/2021	M 02/2021	M 03/2021	M 04/2
ET-F-WG250	10	00	☑	ST		341	346	350	354	359	363	
ET-F-WG500	1010	00	☑	ST		390	395	400	405	410	415	
ET-F-WT200	1010	00	☑	ST		244	247	250	253	256	260	
ET-F-WT500	1010	00	☑	ST		244	247	250	253	256	260	
		00	☑									
		00	☑									

Abbildung 4.22: Planprimärbedarf, Tableau der Programmplanung

Auf der Registerkarte POSITIONEN (Abbildung 4.23) werden die relevanten *Steuerungsparameter* je Material angezeigt. Der BEDARFSPLAN und die PLANMENGE ergeben sich aus dem Planungstableau der Programmplanung. Die Bedarfsart (BDAR) und die Verrechnung (VR) steuern das Verhalten der Planprimärbedarfe. Die Werte in den vier sich rechts anschließenden Spalten sind rein informativ und werden im Materialstamm gepflegt:

- Strategiegruppe
- Dispositionsmerkmal
- Dispogruppe
- Disponent

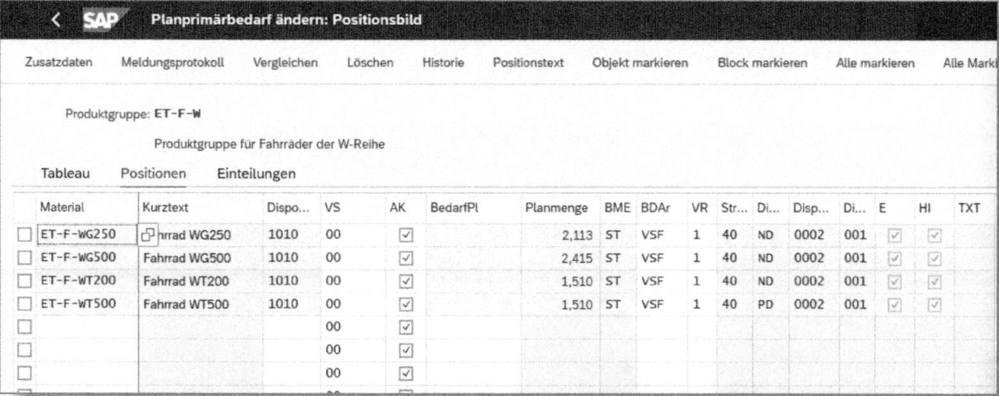

	Material	Kurztext	Dispo...	VS	AK	BedarfPl	Planmenge	BME	BDAr	VR	Str...	Di...	Disp...	Di...	E	HI	TXT
☐	ET-F-WG250	Fahrrad WG250	1010	00	☑		2,113	ST	VSF	1	40	ND	0002	001	☑	☑	
☐	ET-F-WG500	Fahrrad WG500	1010	00	☑		2,415	ST	VSF	1	40	ND	0002	001	☑	☑	
☐	ET-F-WT200	Fahrrad WT200	1010	00	☑		1,510	ST	VSF	1	40	ND	0002	001	☑	☑	
☐	ET-F-WT500	Fahrrad WT500	1010	00	☑		1,510	ST	VSF	1	40	PD	0002	001	☑	☑	
☐				00	☑												
☐				00	☑												
☐				00	☑												

Abbildung 4.23: Positionen der Programmplanung

Bedarfsplan

Das Feld zum Bedarfsplan bietet Ihnen eine zusätzliche Möglichkeit, die Vorplanbedarfe weiter zu untergliedern. In dem reinen Textfeld können Sie bei der Anlage des Planprimärbedarfes beliebige Informationen eintragen. Dieser Schlüssel identifiziert dann Ihre Bedarfe innerhalb der übergeordneten Version und wird als Text auch am Dispoelement in der Bedarfs-/Bestandsliste angezeigt (vgl. Abschnitt 5.4).

Die Registerkarte EINTEILUNGEN (Abbildung 4.24) schließlich stellt für jede Position die erstellten Bedarfseinteilungen dar. Diese Ansicht verfügt über einen eigenen Kopfbereich, in dem die Steuerparameter für das gewählte Material noch einmal angezeigt werden. Daran schließt sich der Detailbereich an, in dem jede Einteilung mit Periodenkennzeichen (Monat, Woche, Tag), dem Bedarfstermin und der Planmenge aufgeführt ist. Die Spalte des Detailbereiches lässt die Darstellung unterschiedlicher Kennzahlen zu.

Wenn Sie die Registerkarte zu den EINTEILUNGEN öffnen und bereits Materialentnahmen stattgefunden haben, wird Ihnen die ENTNAHMEMENGE der Position angezeigt. Dies ist die Menge, die mit einem Bedarfselement (i. d. R. einem Kundenauftrag) verrechnet wurde und für die in der Folge ein *Warenausgang* gebucht worden ist. Bei der Buchung des Warenausgangs wird die Planmenge reduziert und als *Entnahmemenge* hinzugefügt.

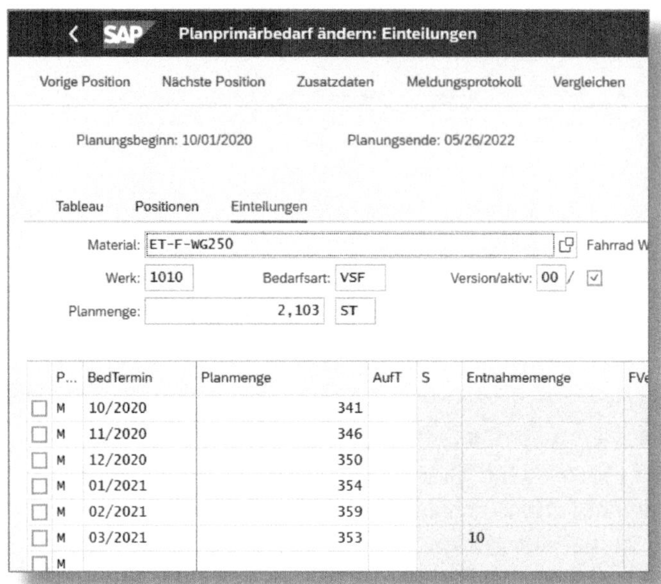

Abbildung 4.24: Einteilungen der Programmplanung – Entnahmemenge

Der *Bedarfswert* (BEDWERT / EUR) ist der monetäre Wert der Planmenge in Euro, die mit dem Preis aus der Buchhaltungssicht des Materialstamms bewertet worden ist (siehe Abbildung 4.25).

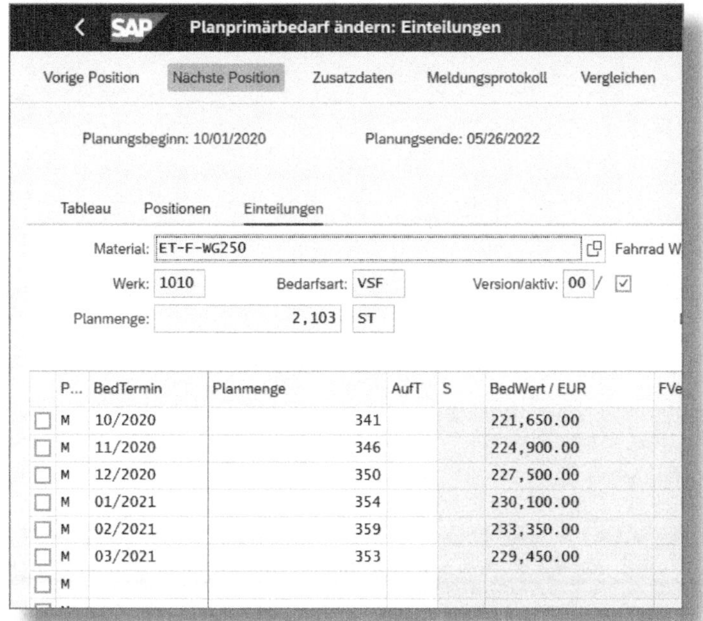

Abbildung 4.25: Einteilungen der Programmplanung – Bedarfswert

Sie können zwischen den beiden Kennzahlen wechseln, indem Sie im Menü MEHR • EINSTELLUNGEN den Punkt *Entnahmemng.<->Werte* (siehe ❶ in Abbildung 4.26) auswählen.

Eine weitere Kennzahl, die sich in diesen Spalten anzeigen lässt, ist die *verrechnete Menge*. Sie wurde bereits einem konkreten Bedarfselement zugeordnet und verrechnet sich (automatisch, durch die Materialstammeinstellungen in der Sicht DISPOSITION 3 gesteuert) mit diesem in der Bedarfsplanung. Die Planmenge selbst wird erst beim Warenausgang angepasst (s. o.). Die Kennzahl »verrechnete Menge« lassen Sie sich über den Menüeintrag MEHR • EINSTELLUNGEN • VERRECHNETE MENGE anzeigen (siehe ❷ in Abbildung 4.26).

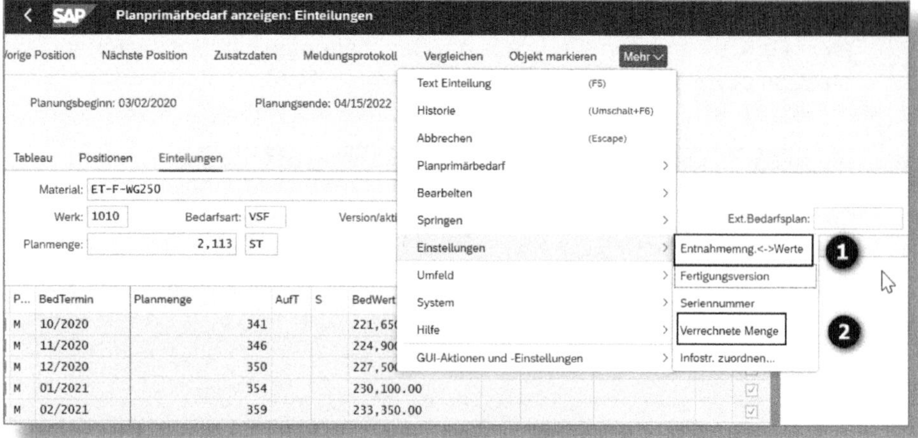

Abbildung 4.26: Einteilungen der Programmplanung – Funktionen

In der Menüleiste der Fiori-App befinden sich die Buttons VORIGE POSITION und NÄCHSTE POSITION, mit denen Sie durch die einzelnen Positionen navigieren können.

Planung mit Fertigungsversion oder Seriennummer

Sie können einer Einteilung auch schon konkrete Anforderungen nach einer bestimmten Fertigungsversion (FVER) oder SERIENNR mitgeben. Die entsprechenden Spalten befinden sich auf der Einteilungssicht (siehe Abbildung 4.27). Sie aktivieren die Spalten über die entsprechenden Funktionen im Menü (Mehr • EINSTELLUNGEN).

Wenn Sie solche Vorgaben machen, werden diese im Rahmen der folgenden Bedarfsplanung berücksichtigt und entsprechende Planaufträge erzeugt.

Zur zeitlichen Aufteilung der Bedarfe stehen innerhalb der Programmplanung mehrere Möglichkeiten zur Verfügung: Beispielsweise können Sie in der Einteilungssicht in der Spalte AUFT ein Periodenkennzeichen eintragen, wie z. B. Monats- (*M*), Wochen- (*W*) oder Tagesformat (*T*). Nach Betätigen der `Enter`-Taste weist SAP S/4HANA die Einteilungsmenge automatisch den neuen Perioden zu, wie in Abbildung 4.27 zu sehen. Hier wurde die PLANMENGE des Monats November auf die Kalenderwochen 45–49 verteilt.

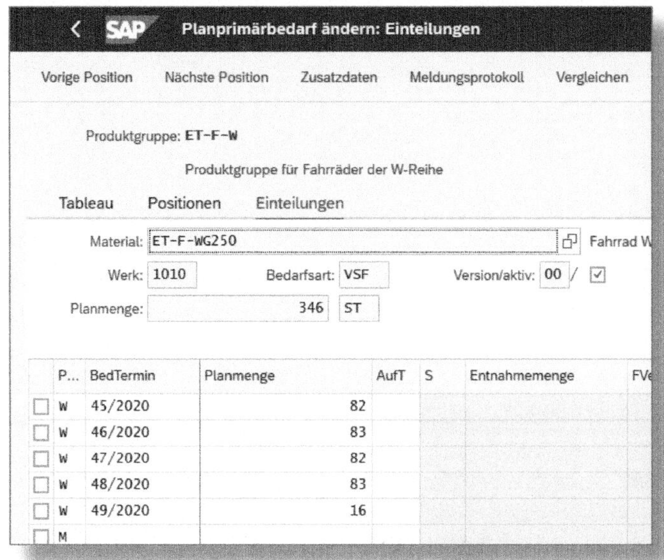

Abbildung 4.27: Einteilung der Programmplanung auf Wochen

SAP S/4HANA bietet mit der Fiori-App »Planprimärbedarfe pflegen« eine sehr übersichtliche Auswertung sämtlicher Planprimärbedarfe an, wie aus Abbildung 4.28 hervorgeht.

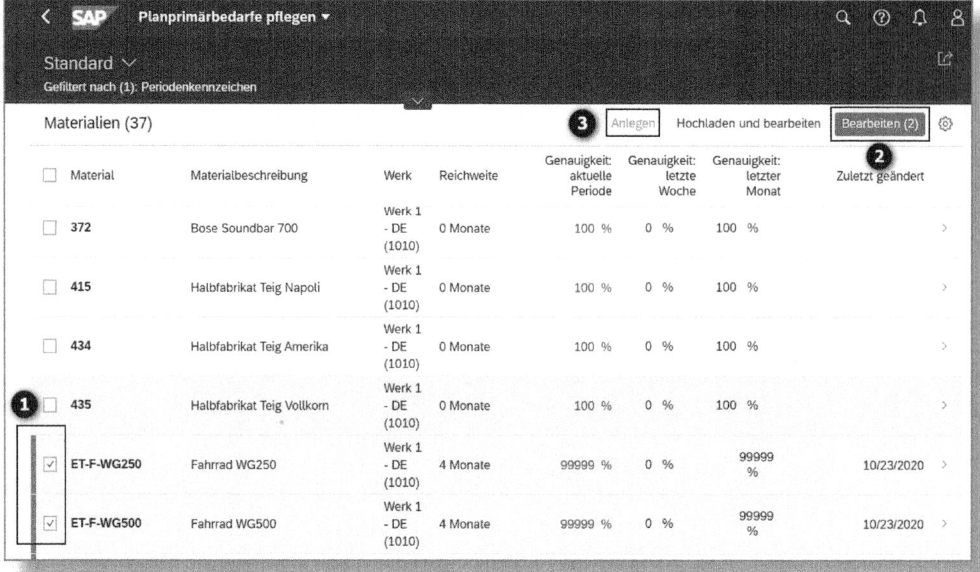

Abbildung 4.28: Planprimärbedarfe pflegen

Zusätzlich erlaubt die App, Zeilen zu markieren ❶ und mit Klick auf den Button BEARBEITEN ❷ unmittelbar in eine Änderungsmaske für die Planprimärbedarfe abzuspringen (siehe Abbildung 4.29). Es bestünde sogar die Möglichkeit, mit dem Button ANLEGEN direkt aus dieser Fiori-App heraus neue Planprimärbedarfe zu erzeugen ❸.

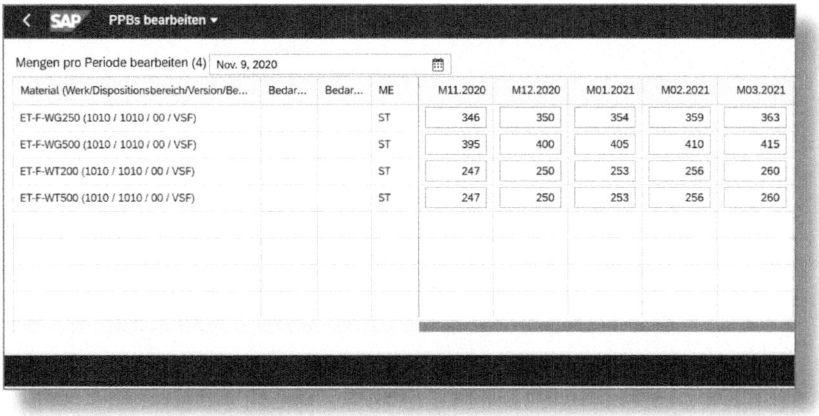

PPBs bearbeiten

Mengen pro Periode bearbeiten (4) Nov. 9, 2020

Material (Werk/Dispositionsbereich/Version/Be...	Bedar...	Bedar...	ME	M11.2020	M12.2020	M01.2021	M02.2021	M03.2021
ET-F-WG250 (1010 / 1010 / 00 / VSF)			ST	346	350	354	359	363
ET-F-WG500 (1010 / 1010 / 00 / VSF)			ST	395	400	405	410	415
ET-F-WT200 (1010 / 1010 / 00 / VSF)			ST	247	250	253	256	260
ET-F-WT500 (1010 / 1010 / 00 / VSF)			ST	247	250	253	256	260

Abbildung 4.29: Planprimärbedarfe bearbeiten

4.5 Zusammenfassung

In diesem Kapitel haben Sie ein übliches Vorgehen kennengelernt, über das die Absatz- und Produktionsgrobplanung in SAP S/4HANA abgewickelt werden kann. Ausgehend von den Vertriebszahlen, die wir erhalten – sei es auf Papier, in einem Excel-File oder aus anderen SAP-Modulen –, konnten wir einen groben Produktionsplan ableiten. Diesen haben wir anhand eines Grobplanungsprofils auf seine Umsetzbarkeit hin überprüft und anschließend die Produktionszahlen der Produktgruppe auf einzelne Materialien transferiert, um sie dann als Vorplanungsbedarfe an die Bedarfsplanung zu übergeben. Welche Schritte diese nun vornimmt, davon handelt das nächste Kapitel.

5 Disposition

Wenn ein Bedarf im Unternehmen erfasst bzw. erstellt wird, plant SAP S/4HANA die Produktion und Beschaffung dieses Artikels vom Endprodukt bis zum Rohmaterial.

5.1 Bedarfe

Den Informationen aus Kapitel 3 folgend, gibt es auch in SAP S/4HANA unterschiedliche Bedarfe: den *Primär-*, den *Sekundär-* und den *Tertiärbedarf*. Dazu gibt es den *Zusatzbedarf*. Dieser soll Ausschuss, Verschleiß, Schwund und Verschnitt abdecken und wird prozentual auf die anderen Bedarfe aufgeschlagen. Generell werden allerdings nur der Primär- und der Sekundärbedarf disponiert.

Zu jeder Bedarfsart zählt SAP unterschiedliche Dispositionselemente, welche die Herkunft des Bedarfs je nach Geschäftsprozess genauer definieren. Zu den Primärbedarfen gehören der Kunden- (K-BED), der Vorplanungs- (VP-BED) und der Prognosebedarf (PR-BED). In den meisten Organisationen wird der Primärbedarf von der Vertriebsorganisation erfasst und der Planungsabteilung über SAP S/4HANA zur Verfügung gestellt.

Die Sekundärbedarfe werden in jene aus Planaufträgen (SK-BED) und Auftragsreservierungen aus Fertigungsaufträgen (AR-RES) unterschieden. Die SK-BED ergeben sich aus den bestehenden Planungen und sind folglich ebenfalls durch die Mengenbedarfsrechnung veränderbar.

5.2 Planaufträge

Planaufträge sind simpel aufgebaute Elemente der Materialbedarfsplanung (siehe Abbildung 5.1). Ihre wichtigste Funktion besteht in der Weitergabe der Bedarfsmenge(n) entlang der Produktionsstufen. Zu diesem Zweck beinhalten sie mindestens Angaben zur Auftragsmenge und den Eckterminen sowie eine Komponentenübersicht, in der die Materialien aus der Stückliste als Vorschlag übernommen werden ❶. Weitere Elemente sind das Datum, zu dem das Material voraussichtlich dispositiv verfügbar ist, und die Kennzahl des Produktionswerks.

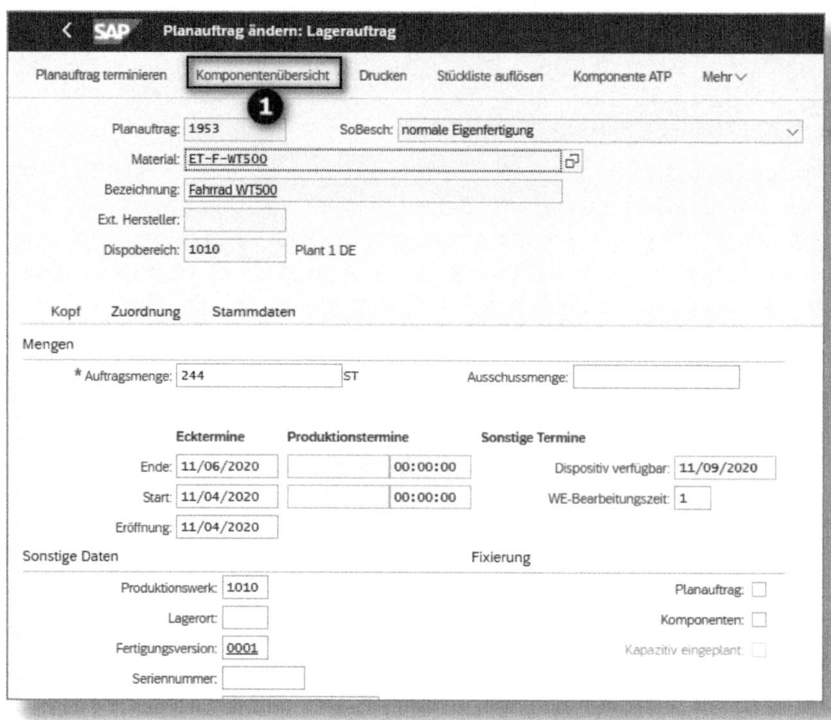

Abbildung 5.1: Planauftrag anzeigen/ändern, Kopfdaten

Die Durchlaufzeit eines Planauftrags (d. h. der Abstand zwischen Eckend- und Eckstarttermin) ergibt sich aus der Eigenfertigungszeit, die im Materialstamm hinterlegt wurde. Durch diese errechnet sich der Bedarfstermin, zu dem die Komponenten verfügbar sein müssen. Sie finden diesen in der Komponentenübersicht des Planauftrags (siehe ❶ in Abbildung 5.2).

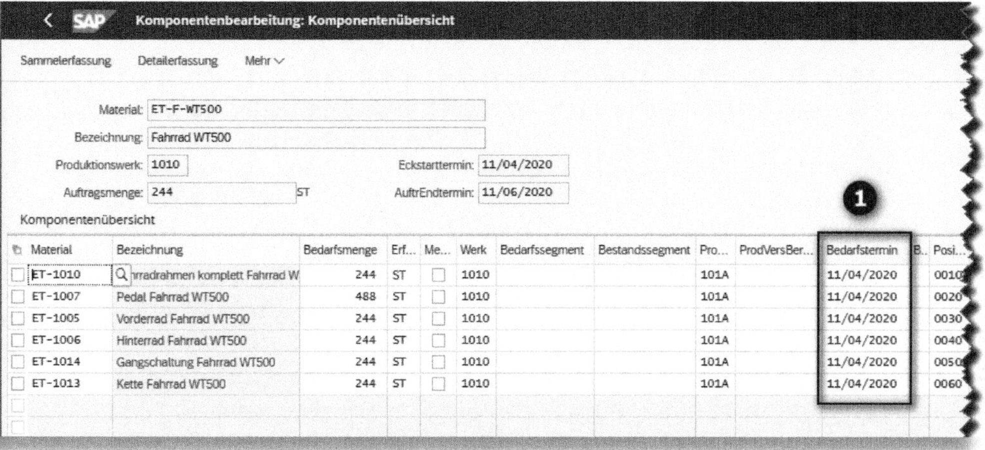

Abbildung 5.2: Planauftrag anzeigen, Komponentenübersicht

5.3 Material Requirements Planning

In S/4HANA-Systemen kann mit der neuen Planungsmethode *MRP Live on S/4HANA* gearbeitet werden. Diese Methode wurde entwickelt, um die Laufzeiten beim MRP-Lauf zu optimieren, der für die Materialplanung in SAP-Systemen zuständig ist. In SAP ERP war es üblich, den Planungslauf einmal täglich (am besten nachts) auszuführen. Aufgrund der erheblich verbesserten Performance in S/4HANA kann der MRP-Lauf auf diesen Systemen auch mehrmals täglich ausgeführt werden. Das bietet den Disponenten einige Vorteile:

- Aktuellere Bedarfsinformationen als Entscheidungsgrundlage
- Schnellere Reaktion auf Bedarfsänderungen, dadurch kann der Sicherheitsbestand reduziert werden
- Effizienterer Vergleich zwischen Bedarf und Angebot
- Früheres Erkennen von Problemen in der Planung

In SAP ERP R/3 war der *Verarbeitungsschlüssel* ein wesentlicher Parameter der Transaktion *MD01*. Anhand dieses Wertes wurde entschieden, ob eine komplette Neuplanung durchgeführt werden soll oder eine Änderungsplanung. Aufgrund der hohen Performance des MRP-Laufs in S/4HANA, die ermöglicht, dass immer alle Materialien parallel geplant werden können, wurde der Parameter überflüssig und daher entfernt.

Der zweite wichtige Wert für die Durchführung der Materialplanung ist die *Dispositionsstufe*. Diese wird allen Materialien zugeordnet und aktualisiert sich, sobald sie als Komponente in einer Stückliste Verwendung findet. Die Angabe beschreibt die niedrigste Stufe, auf der das Material in allen Stücklistenhierarchien eingebunden ist. Diese Information wird im Planungslauf benötigt, damit zunächst alle bedarfsverursachenden Materialien geplant werden können, bevor die Beschaffungsvorschläge für das Material erzeugt werden.

Für jedes Material wird nun zunächst der sogenannte Bruttobedarf ermittelt, und zwar im Rahmen der *Bedarfsrechnung*. Dabei werden die Materialmengen aus Planprimärbedarfen, Kundenaufträgen, Umlagerungsaufträgen und/oder Sekundärbedarfen gemäß den Materialstammeinstellungen addiert.

Der Bedarfs- steht die *Bestandsrechnung* gegenüber. In dieser werden die gültigen Bestände und zulässigen, bereits geplanten Zugänge ermittelt.

Werden die beiden Ergebnisse aus Bestands- und Bedarfsrechnung in Beziehung zueinander gesetzt, erhält man den Nettobedarf und spricht dementsprechend von einer *Nettobedarfsplanung*. Wenn lediglich der Bruttobedarf zur Planung herangezogen wird, liegt eine *Bruttobedarfsplanung* vor.

In der *Bestellrechnung* schließlich wird bei einer Unterdeckungssituation unter Anwendung der Losgrößeneinstellungen aus dem Materialstamm ein Bedarfsdeckungselement erzeugt. Dieses gibt an, zu welchem Termin mit welcher Beschaffungsmenge die Unterdeckung ausgeglichen sein soll.

Beim Start des MRP-Laufs wird für jedes Material, beginnend beim ersten der kleinsten Dispositionsstufe, eine *Nettobedarfsrechnung* durchgeführt. Dabei werden vom derzeit verfügbaren Lagerbestand alle Bedarfe in chronologischer Abfolge subtrahiert und alle festen Zugänge addiert. Dadurch entsteht eine Zeitreihe der verfügbaren Mengen. Wenn dieser Wert negativ wird, kommt es zu einer sogenannten *Unterdeckung* des Bestandes, zu deren Termin im MRP-Lauf ein neuer Bedarfsdecker angelegt wird. Mithilfe des neuen MRP-Laufs werden für extern beschaffte Materialien immer Bestellanforderungen bzw. Abrufe zu Lieferplaneinteilungen (sofern ein gültiger Lieferplan vorhanden ist) erstellt. Im Fall von eigengefertigten Materialien legt der MRP-Lauf Planaufträge an.

Ein Planauftrag ist ein Element, das angibt, wann eine bestimmte Menge des Materials benötigt wird, um eine Unterdeckungssituation zu vermeiden. Damit wird nicht ausgesagt, ob die hierfür benötigten Komponenten bereits verfügbar sind oder die Herstellung kapazitiv möglich ist. Die Beschaffungsmenge des Planauftrags, der Bestellanforderung bzw. des Lieferplanabrufs wird durch das im Materialstamm eingetragene Losgrößenverfahren bestimmt und zur Zeitreihe der verfügbaren Mengen hinzugerechnet. Kommt es nach wie vor zu einer Unterdeckung, werden so lange Planaufträge bzw. Bestellanforderungen oder Lieferplanabrufe erzeugt, bis diese ausgeglichen ist.

Im Anschluss werden im MRP-Lauf zunächst die anderen Materialien dieser und dann die der weiteren Dispositionsstufen geplant. Die Ergebnisse des MRP-Laufs können schließlich mithilfe von Apps zur Bedarfs-/Bestandsanalyse betrachtet werden.

Eine übersichtliche Auswertung bietet diesbezüglich die App »Materialdeckung ermitteln« (siehe Abbildung 5.3). Durch die Unterscheidung der BESTANDSVERFÜGBARKEIT ❶ in grün (vorhanden) und rot (fehlt) kann der Disponent die Bedarfs-/Bestandssituation sofort grob abschätzen.

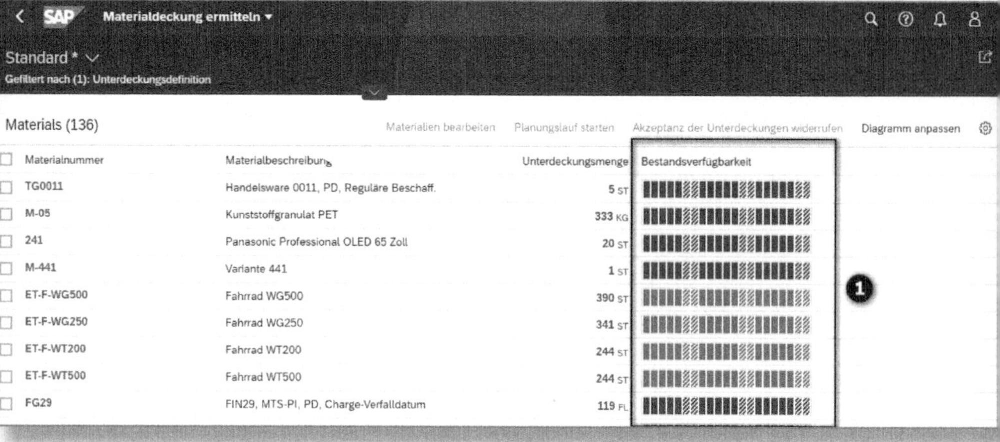

Abbildung 5.3: Fiori-App »Materialdeckung ermitteln«

Aus dieser Ansicht heraus können Detailinformationen zu einem Material aufgerufen werden (siehe Abbildung 5.4). Dazu markieren Sie das Material ❶ und klicken den Button MATERIALIEN BEARBEITEN an ❷. Diese Aktion öffnet das in Abbildung 5.5 gezeigte Fenster.

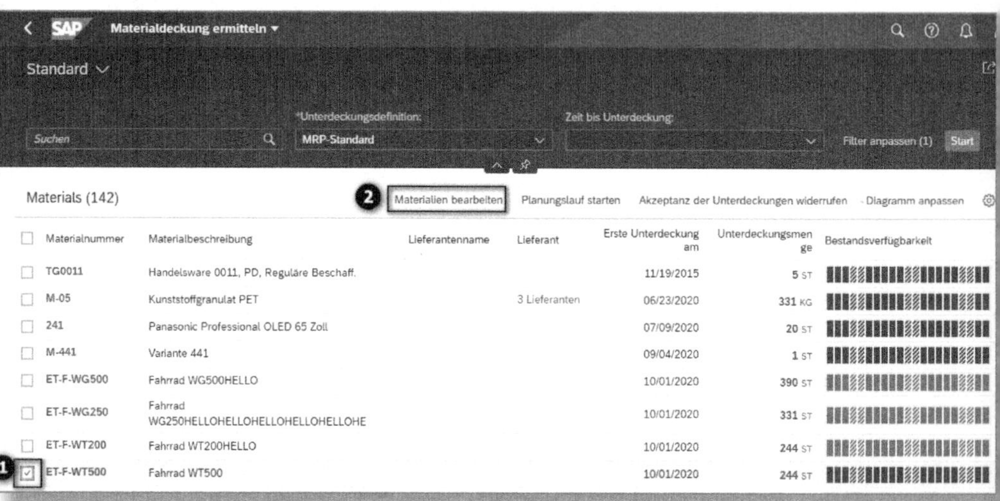

Abbildung 5.4: Materialdeckung ermitteln, Material bearbeiten

Dort können Sie sich über den Reiter MATERIALINFORMATIONEN planungsrelevante Stammdaten und Details zur Verfügbarkeit des ausgewählten Materials anzeigen lassen. Sie erhalten diese Informationen durch Klick auf ❶ in Abbildung 5.5.

Abbildung 5.5: Anzeige von Materialdetaildaten

In unserem Beispiel geht der Vertrieb davon aus, dass das neue Fahrrad ab Oktober 2020 verkauft wird, und hat entsprechend der gesteckten Erwartungen Vorplanungsbedarfe erfasst (siehe Abbildung 5.6).

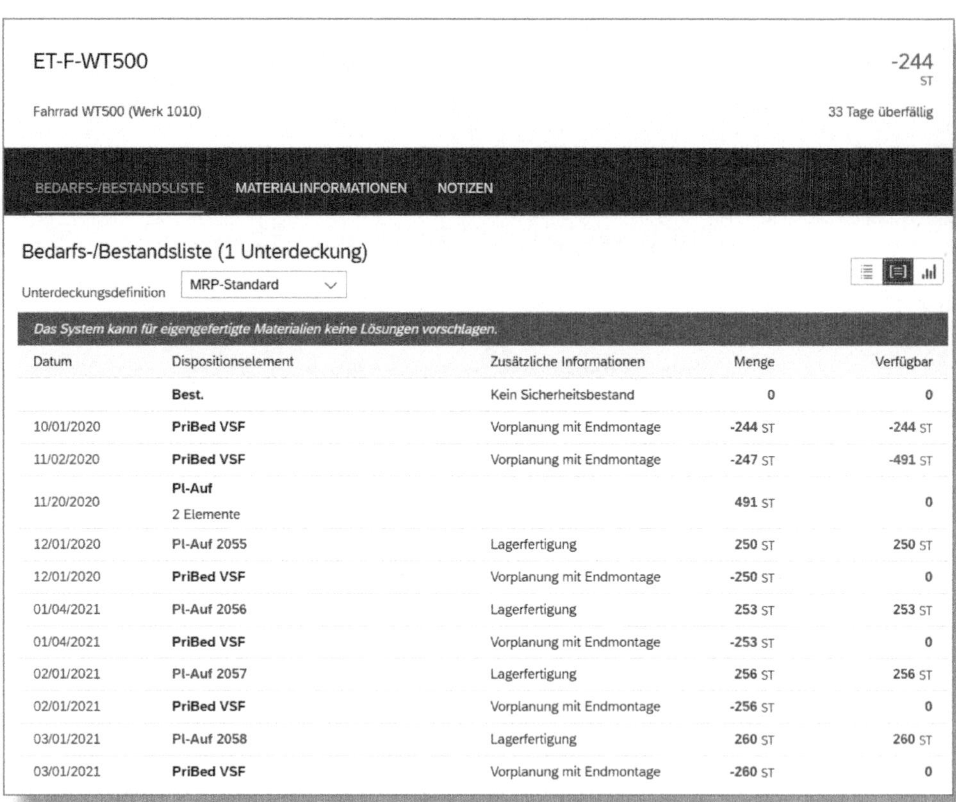

Datum	Dispositionselement	Zusätzliche Informationen	Menge	Verfügbar
	Best.	Kein Sicherheitsbestand	0	0
10/01/2020	**PriBed VSF**	Vorplanung mit Endmontage	-244 ST	-244 ST
11/02/2020	**PriBed VSF**	Vorplanung mit Endmontage	-247 ST	-491 ST
11/20/2020	**Pl-Auf** 2 Elemente		491 ST	0
12/01/2020	**Pl-Auf 2055**	Lagerfertigung	250 ST	250 ST
12/01/2020	**PriBed VSF**	Vorplanung mit Endmontage	-250 ST	0
01/04/2021	**Pl-Auf 2056**	Lagerfertigung	253 ST	253 ST
01/04/2021	**PriBed VSF**	Vorplanung mit Endmontage	-253 ST	0
02/01/2021	**Pl-Auf 2057**	Lagerfertigung	256 ST	256 ST
02/01/2021	**PriBed VSF**	Vorplanung mit Endmontage	-256 ST	0
03/01/2021	**Pl-Auf 2058**	Lagerfertigung	260 ST	260 ST
03/01/2021	**PriBed VSF**	Vorplanung mit Endmontage	-260 ST	0

Abbildung 5.6: Materialdeckung mit Planaufträgen

In der Spalte VERFÜGBAR ist ersichtlich, dass ein negativer Lagerbestand ab Oktober eine Unterdeckungssituation verursachen würde. In der Materialbedarfsplanung wird SAP S/4HANA Planaufträge zur Bedarfsdeckung erstellen, da es sich hier um ein eigengefertigtes Material handelt (siehe Beschaffungsart E in Abbildung 3.7). Für das Fahrrad wurde die exakte Losgröße vorgegeben, also wird zu jedem Bedarfselement genau ein Bedarfsdecker erstellt. Jeder angelegte Planauftrag erzeugt entsprechend seiner Durchlaufzeit und Stückliste Sekundärbedarfe bei den Komponenten.

Einer dieser Bestandteile wird nachfolgend genauer vorgestellt: Wie aus der BEDARFS-/BESTANDSLISTE in Abbildung 5.7 hervorgeht, liegt der verfügbare Lagerbestand für das Hinterrad (Material ET-1006) bei 0 ST. Von diesem werden die Sekundärbedarfe abgezogen, um die noch verfügbare Menge zu ermitteln. Wie Sie in dieser Abbildung deutlich sehen, kommt es bereits am 17. November zu einer Unterdeckung.

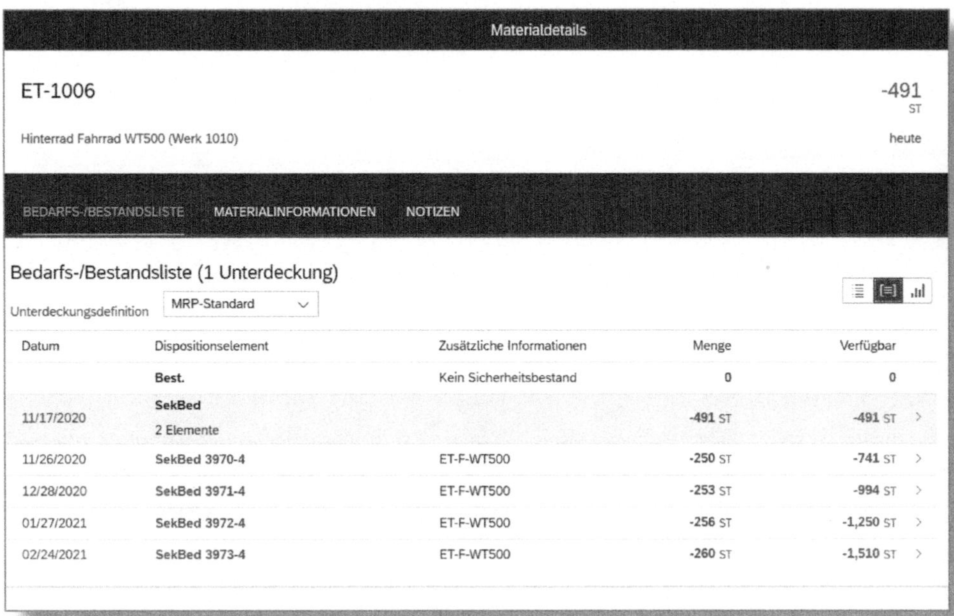

Abbildung 5.7: Bedarfs-/Bestandsliste ET-1006, Sekundärbedarfe

Das Hinterrad wird mit einer exakten Losgröße disponiert, da mit dem Lieferanten eine Abnahme von genau 1.000 Stück vereinbart ist. Die Materialbedarfsplanung wird also bei jeder Unterdeckung einen Planauftrag mit der entsprechenden Menge anlegen. Wie Sie in Abbildung 5.8 erkennen können, verbleibt so stets eine gewisse Restmenge im Lager.

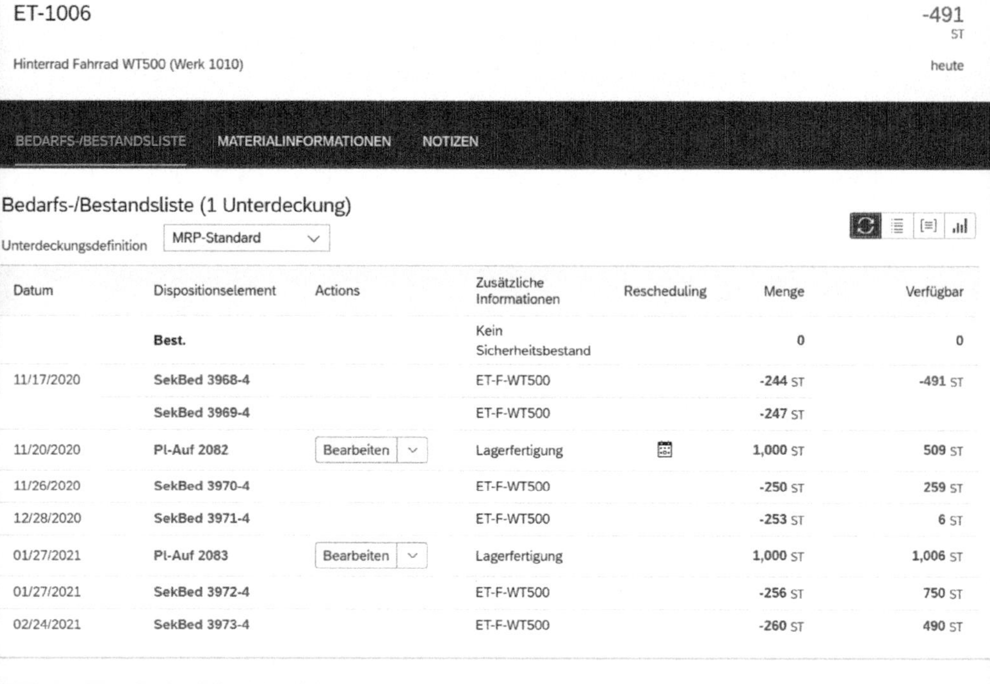
ET-1006 -491 ST

Hinterrad Fahrrad WT500 (Werk 1010) heute

BEDARFS-/BESTANDSLISTE MATERIALINFORMATIONEN NOTIZEN

Bedarfs-/Bestandsliste (1 Unterdeckung)

Unterdeckungsdefinition MRP-Standard

Datum	Dispositionselement	Actions	Zusätzliche Informationen	Rescheduling	Menge	Verfügbar
	Best.		Kein Sicherheitsbestand		0	0
11/17/2020	**SekBed 3968-4**		ET-F-WT500		**-244** ST	**-491** ST
	SekBed 3969-4		ET-F-WT500		**-247** ST	
11/20/2020	**Pl-Auf 2082**	Bearbeiten	Lagerfertigung		**1,000** ST	**509** ST
11/26/2020	**SekBed 3970-4**		ET-F-WT500		**-250** ST	**259** ST
12/28/2020	**SekBed 3971-4**		ET-F-WT500		**-253** ST	**6** ST
01/27/2021	**Pl-Auf 2083**	Bearbeiten	Lagerfertigung		**1,000** ST	**1,006** ST
01/27/2021	**SekBed 3972-4**		ET-F-WT500		**-256** ST	**750** ST
02/24/2021	**SekBed 3973-4**		ET-F-WT500		**-260** ST	**490** ST

Abbildung 5.8: Bedarfs-/Bestandsliste ET-1006, mit Planaufträgen

5.4 Auswertungen SAP S/4HANA

Um sämtliche Materialien unseres Fahrrads zu disponieren, können wir wiederum die App »Materialdeckung ermitteln« verwenden. Einen beispielhaften Einstieg in die Fiori-Kachel zeigt Abbildung 5.9: Im oberen Teil erkennen Sie die eingegebenen Materialien, im unteren Teil die zugehörigen Dispositionsdaten. Wir arbeiten mithilfe der unterschiedlichen Filterkriterien ❶ der App (z. B. kann jedes MATERIAL des Fahrrads ausgewählt werden). Die Filter DISPONENT bzw. WERK sind oftmals hilfreich, um die ausgegebenen Daten ❷ zu präzisieren.

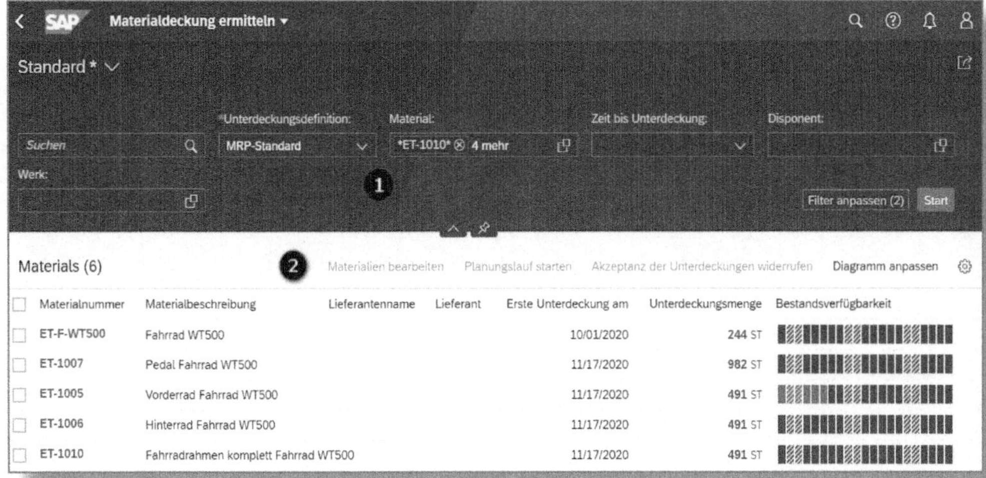

Abbildung 5.9: Materialdeckung ermitteln für sämtliche Fahrradmaterialien

Um die Detaildaten der einzelnen Materialien zu analysieren (beispielhaft für die Fahrradmaterialien in Abbildung 5.10 gezeigt), werden die gewünschten Materialien markiert ❶ und anschließend wird der Button MATERIALIEN BEARBEITEN ❷ gedrückt, der sich am rechten unteren Bildrand der App befindet.

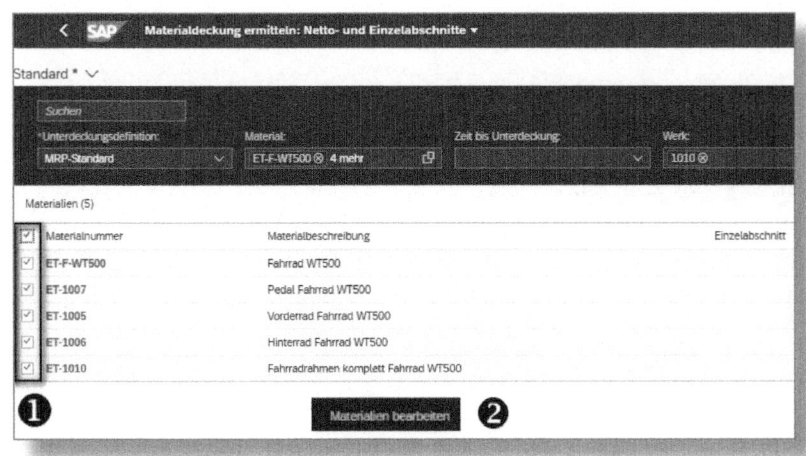

Abbildung 5.10: Material bearbeiten, beispielhafte Darstellung

In der nun folgenden Ansicht (siehe Abbildung 5.11) werden links alle selektierten Materialien aufgelistet, während im Hauptteil die Bedarfe, Bestände und Zugänge für ein links ausgewähltes Material abgebildet werden. Der Disponent könnte sich mittels Klick auf den Reiter MATERIALINFORMATIONEN zudem zusätzliche Details anzeigen lassen (wie bereits in Abbildung 5.5 gezeigt).

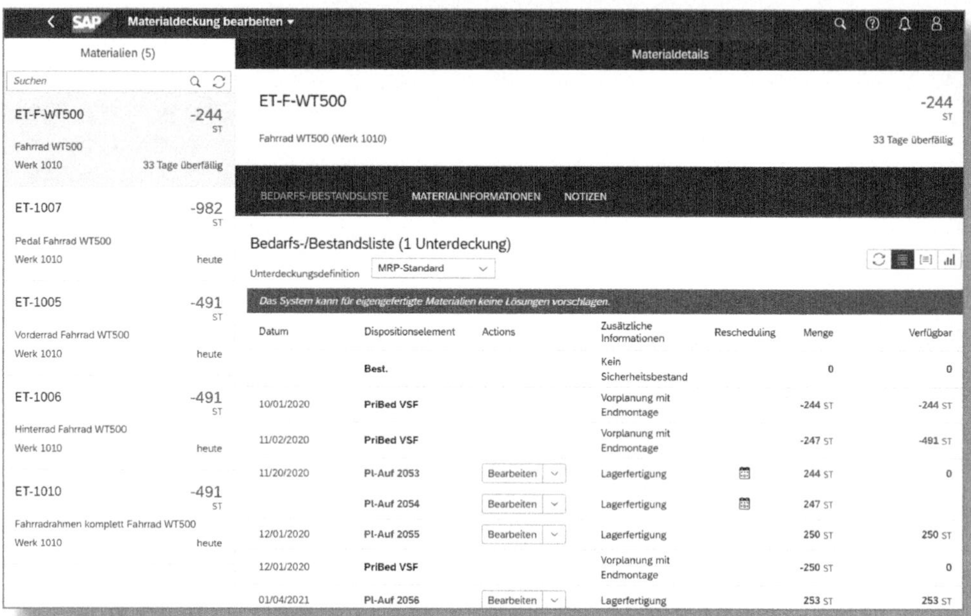

Abbildung 5.11: Dispositionsübersicht für ausgewählte Materialien

5.5 Auswertungen

Neben den vorgestellten neuen Auswertungstools stehen in S/4HANA außerdem sämtliche aus SAP ERP R/3 bekannten Auswertemöglichkeiten der Disposition zur Verfügung.

Als Äquivalent zu den bekannten Transaktionen *MD04/MD05/MD06* kann die App »Bedarfs-/Bestandsliste überwachen« als zentraler Einstiegspunkt betrachtet werden. Diese Transaktionen bzw. die App bilden eine Dispositionsliste ab. Eine Dispositionsliste umfasst Angaben zur Disposition und zu in deren Rahmen aufgetretenen Ausnahmesituationen sowie Daten aus den Dispositionssichten des Materialstammsatzes bzw. Verbrauchsdaten der letzten Monate.

Einen beispielhaften Aufruf der App zeigt Abbildung 5.12. Durch Auswahl der Selektionsoption SAMMELEINSTIEG ❶ und Klick auf den Button MEHRFACHSELEKTION ❷ in der Zeile für die Materialselektion können Sie mehrere Materialien auswählen, die in Folge gleichzeitig betrachtet werden sollen.

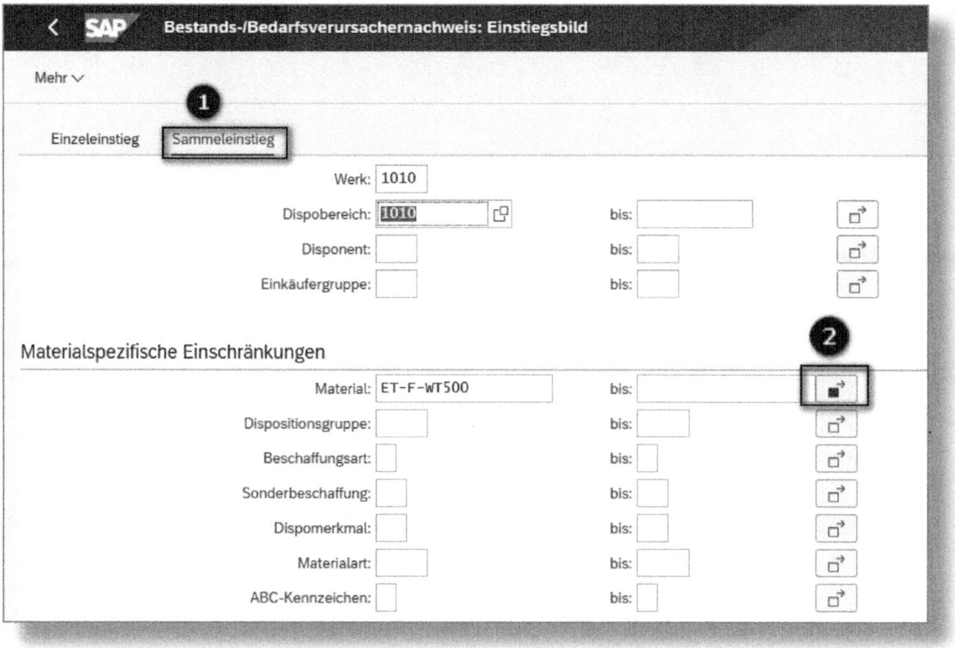

Abbildung 5.12: Fiori-App »Bedarfs-/Bestandsliste überwachen«, Einstieg

In der nun folgenden Ansicht (Abbildung 5.13) sehen Sie links eine Liste aller selektierten MATERIALIEN ➊, während im Hauptteil die Bedarfe, Bestände und Zugänge direkt nach der Nettobedarfsrechnung ➋ abgebildet sind. Im oberen Teil des Fensters ➌ können Sie sich zusätzliche Dispositionsdaten zum Material anzeigen lassen.

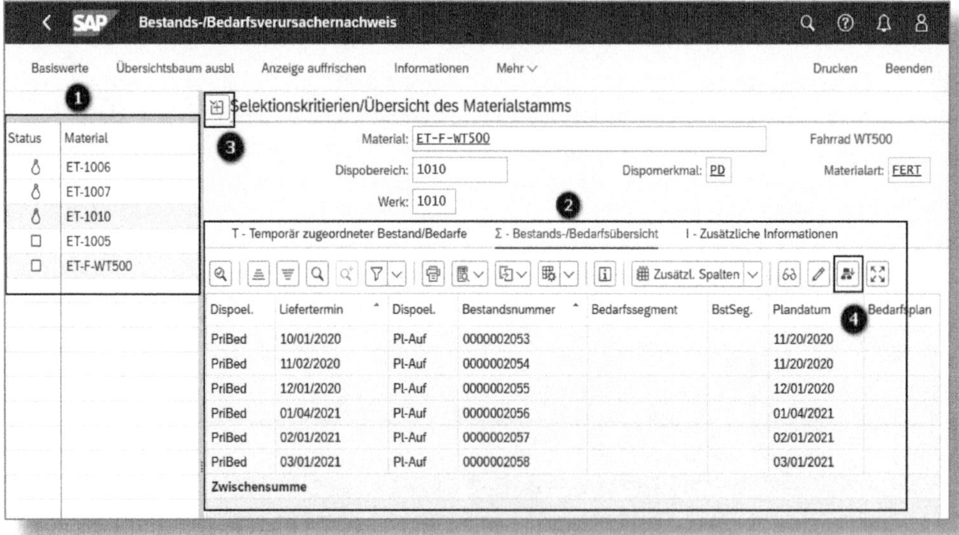

Abbildung 5.13: Dispositionsliste mit Materialliste

Sollten Sie nähere Informationen zur Materialsituation eines bestimmten Auftrags benötigen, wählen Sie diesen aus und betätigen das in der Abbildung 5.13 markierte Icon ➍.

Anstelle der Materialliste sehen Sie daraufhin einen Auftragsbericht ➋ wie in Abbildung 5.14 (➊ wurde automatisch vom System gesetzt), der die Stückliste des Materials mit dem Bedarfstermin des selektierten Auftrags sowie die Elemente anzeigt, die diesen Bedarf decken. Das können sowohl Bestände als auch andere Zugangselemente wie Planaufträge oder Bestellanforderungen sein. Diesen Darstellungen können Sie ebenfalls entnehmen, ob es bei der Versorgung des Auftrags zu Ausnahmemeldungen bei den Komponenten kommt.

Eine weitere Funktion zur Auswertung der aktuellen Planungssituation ist die in Abbildung 5.15 dargestellte Transaktion *MD48*. Hier können Sie sich auf Grundlage eines Monatsrasters einen Überblick über die Bestands- bzw. Bedarfssituation eines Materials verschaffen.

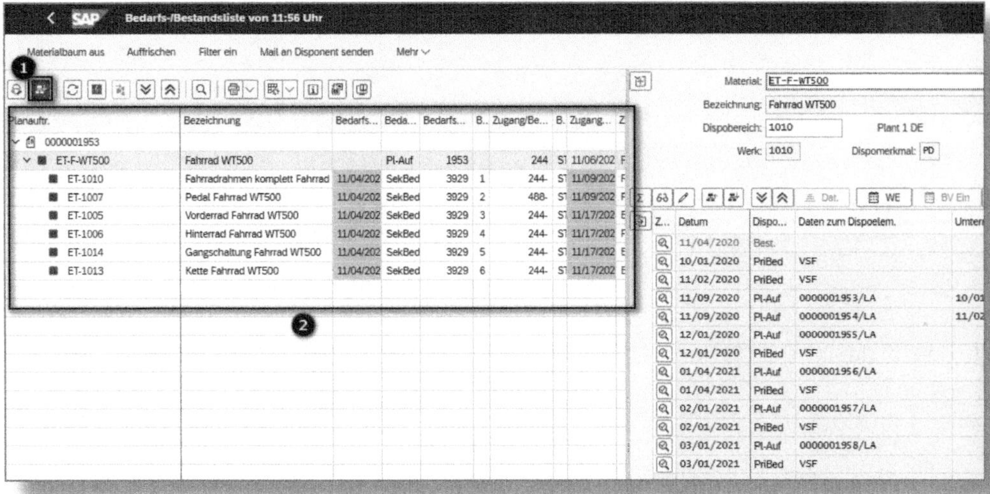

Abbildung 5.14: Fiori-App »Bedarfs-/Bestandsliste überwachen«, Auftragsbericht

Als Basis der Berechnung wird der LAGERBESTAND ❶ herangezogen. Unter ❷ werden die geplanten ZUGÄNGE angezeigt. In unserem Beispiel handelt es sich dabei um Planaufträge. ❸ bildet die voraussichtlichen ABGÄNGE in Form von Planprimärbedarfen ab. Schließlich wird die verfügbare Menge auf Basis von ❶, ❷, und ❸ berechnet und in ❹ dargestellt. Für das Beispiel aus Abbildung 5.15 wäre im Monat Oktober 2020 eine Unterdeckung von 244 Stück gegeben. In den Folgemonaten liegt die verfügbare Menge bei 0, da die Bedarfe ausreichend durch Planaufträge gedeckt sind. Schließlich wird die verfügbare Menge in den Monaten März, April und Mai 2021 sogar positiv, da die Zugangsmenge größer als die Abgangsmenge ist.

Diese Funktion ist nur als Transaktion in der SAP GUI vorhanden – eine entsprechende Fiori-App ist derzeit nicht verfügbar.

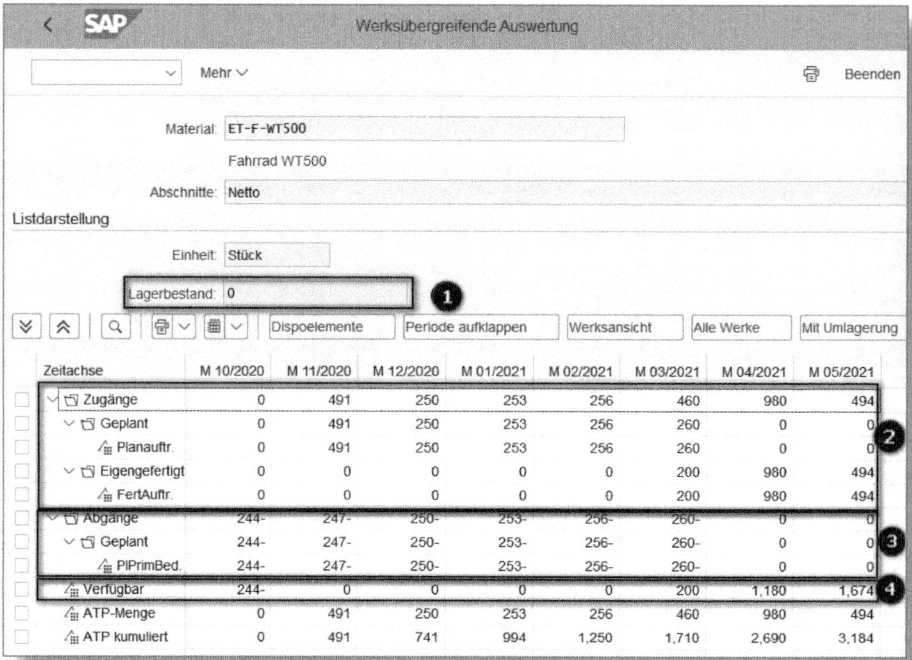

Werksübergreifende Auswertung
Mehr
Beenden
Material: ET-F-WT500
Fahrrad WT500
Abschnitte: Netto
Listdarstellung
Einheit: Stück
Lagerbestand: 0
1
Dispoelemente
Periode aufklappen
Werksansicht
Alle Werke
Mit Umlagerung
2
3
4

Zeitachse	M 10/2020	M 11/2020	M 12/2020	M 01/2021	M 02/2021	M 03/2021	M 04/2021	M 05/2021
Zugänge	0	491	250	253	256	460	980	494
Geplant	0	491	250	253	256	260	0	0
Planauftr.	0	491	250	253	256	260	0	0
Eigengefertigt	0	0	0	0	0	200	980	494
FertAuftr.	0	0	0	0	0	200	980	494
Abgänge	244-	247-	250-	253-	256-	260-	0	0
Geplant	244-	247-	250-	253-	256-	260-	0	0
PlPrimBed.	244-	247-	250-	253-	256-	260-	0	0
Verfügbar	244-	0	0	0	0	200	1,180	1,674
ATP-Menge	0	491	250	253	256	460	980	494
ATP kumuliert	0	491	741	994	1,250	1,710	2,690	3,184

Abbildung 5.15: Planungsübersicht in der Transaktion MD48

Die letzte Transaktion bildet den Übergang zur Fertigungssteuerung. Mit der Fiori-App »Planaufträge umsetzen« bietet sich Ihnen die Möglichkeit, alle Planaufträge unter Berücksichtigung unterschiedlicher Filterkriterien (siehe Abbildung 5.16) zu selektieren und diese in einer Massenbearbeitung in Fertigungsaufträge umzuwandeln. Dies ist bei Weitem die einfachste Art, eine Auftragseröffnung durchzuführen.

Planaufträge umsetzen
Standard *
Suchen
Planauftrag:
Material:
)0 (Fahrrad WT500)
Planauftragsart:
Disponent:

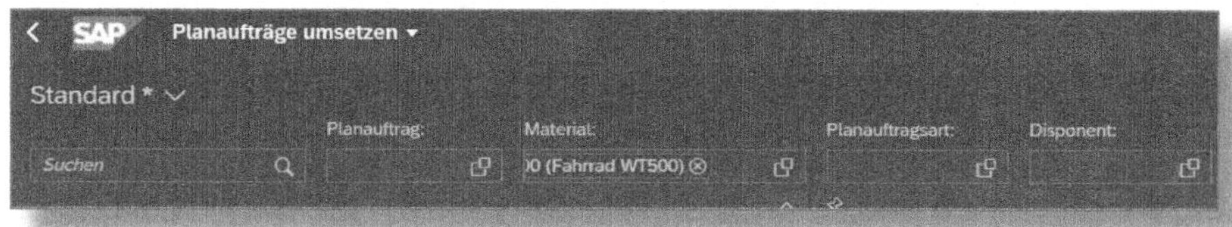

Abbildung 5.16: Selektionsmöglichkeiten in der App »Planaufträge umsetzen«

Nachdem Sie die App aufgerufen haben, wählen Sie in unserem Beispiel das MATERIAL *ET-F-WT500 (Fahrrad WT500)* aus. Die darauffolgende Liste (siehe Abbildung 5.17) enthält alle Planaufträge, die unseren Selektionskriterien entsprechen. Durch einen Klick in die Spalte AKTION können Sie einzelne Planaufträge direkt in Fertigungsaufträge umwandeln ❶. Durch Klick auf SAMMELUMSETZUNG ❷ wandeln Sie alle selektierten Planaufträge in einem Schritt in Fertigungsaufträge um.

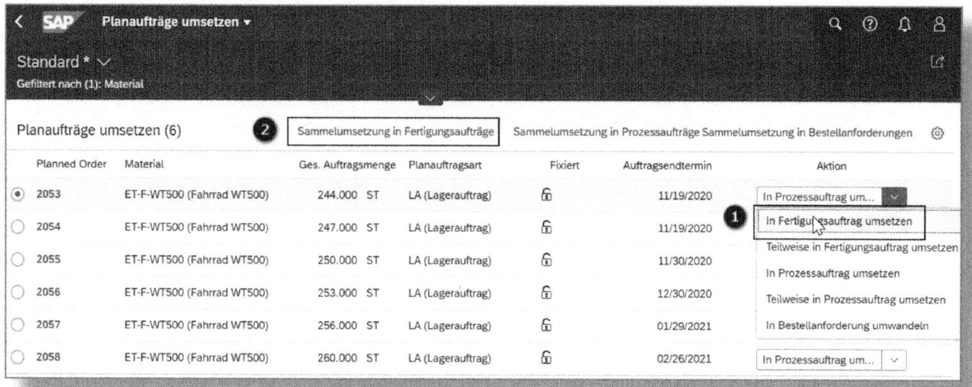

Abbildung 5.17: Planaufträge umsetzen

5.6 Zusammenfassung

In diesem Kapitel haben wir Ihnen die wichtigsten Aspekte der Bedarfsplanung in SAP S/4HANA vorgestellt. Ausgehend von den Vorplanungsbedarfen der Absatz- und Produktionsgrobplanung (vgl. Kapitel 4), wurde für die gesamte Struktur unseres Fahrrads eine Materialbedarfsplanung durchgeführt. Sie konnten lernen, inwiefern sich die Bedarfe auf die Disposition auswirken und welche Funktion Planaufträge erfüllen. Abschließend konnten wir die Ergebnisse der Disposition mit unterschiedlichen Werkzeugen analysieren und Fertigungsaufträge erzeugen. Detailliertere Informationen zu diesen Elementen und dazu, wie mit ihrer Hilfe die Produktion gesteuert und abgebildet wird, gibt das folgende Kapitel.

6 Fertigungssteuerung

Damit die geplante Fertigung optimal durchgeführt und überwacht werden kann, müssen Fertigungsaufträge erstellt werden. Im Folgenden werden wir Ihnen erklären, wie diese aufgebaut sind und wie Sie effektiv mit ihnen arbeiten.

6.1 Fertigungsauftrag

Fertigungsaufträge sind eigenständige Elemente der Fertigungssteuerung. Sie werden verwendet, um den Fertigungsdurchlauf darzustellen, Fertigungspapiere zu drucken, den Abarbeitungsgrad zu dokumentieren, Materialentnahmen zu erfassen und die zur Herstellung notwendige Fertigungsleistung zu buchen. Sie sehen, dass der Auftrag in der Steuerung eine zentrale Rolle spielt. Daher sollen zunächst Grundlagen für den Aufbau eines Fertigungsauftrags skizziert werden.

Ein Fertigungsauftrag besteht, wie z. B. auch ein Materialstamm, aus unterschiedlichen Sichten (vgl. Abschnitt 3.1). Er vereint die Stammdaten »Arbeitsplan« und »Stückliste« mit den sogenannten Kopfdaten. Damit nicht jede Änderung im Rahmen der Fertigungssteuerung sofort eine Anpassung der Stammdaten hervorruft, wird beim Anlegen eines Fertigungsauftrags eine Kopie des Arbeitsplans und der Stückliste speziell für diesen Auftrag erzeugt (siehe Abbildung 6.1). Sie können Fertigungsaufträge sowohl aus einem Planauftrag erstellen (vgl. Abschnitt 5.5) als auch mit der Transaktion *CO01* (SAP MENÜ • LOGISTIK • PRODUKTION • FERTIGUNGSSTEUERUNG • AUFTRAG • ANLEGEN) bzw. mit der Fiori-App »Fertigungsauftrag anlegen« manuell anlegen. Die Bearbeitung des angelegten Auftrags erfolgt mittels der Transaktion *CO02* bzw. mit der Fiori-App »Fertigungsauftrag ändern«.

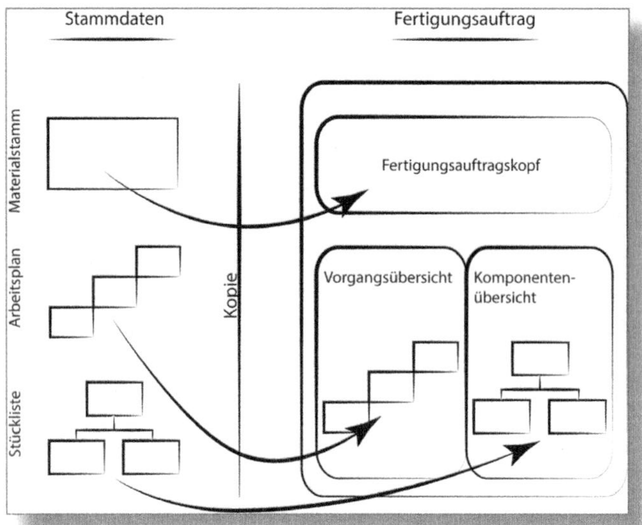

Abbildung 6.1: Zusammenspiel Stammdaten – Fertigungsauftrag

Das Einstiegsbild eines Fertigungsauftrags (hier am Beispiel einer Fahrradgabel, siehe Abbildung 6.2) zeigt in der Regel die Kopfdaten; sie vereinen insbesondere organisatorische Angaben und Steuerungsparameter für die geplante Auftragsabwicklung. So werden hier z. B. die Ecktermine, die Durchführungstermine vom ersten bis zum letzten Vorgang sowie das Freigabedatum angezeigt und den tatsächlich gemeldeten Ist-Terminen gegenübergestellt. Auf den weiteren Reitern sind vor allem Steuerungsparameter zu finden, u. a. für Warenbewegungen, Kalkulation und Terminierung. Ebenso sind der Schlüssel des Disponenten, die verwendete Stückliste sowie der genutzte Arbeitsplan hier hinterlegt.

Abbildung 6.2: Auftragskopfdaten, Fertigungsauftrag Gabel

Im Kopfbereich der Seite finden Sie grundlegende Daten wie AUFTRAGSNUMMER, MATERIAL, WERK und die ART DES Auftrags. Die angewandte Terminierungsart und die berücksichtigten Pufferzeiten stehen unterhalb der Kopfdaten. Hier kann auch eine Aufstellung der Gesamt- und Ausschussmengen sowie der bereits gelieferten Stückzahlen abgerufen werden.

Den Arbeitsplan, der die Grundlage für die Auftragsdurchführung bildet, finden Sie unter der VORGANGSÜBERSICHT. Diese erreichen Sie, indem Sie in Abbildung 6.2 auf ❶ klicken. Hier sind die aus dem Normalarbeitsplan (vgl. Abschnitt 3.4) übernommenen Daten mit den Terminen der Durchlaufterminierung ergänzt worden (siehe Abbildung 6.3).

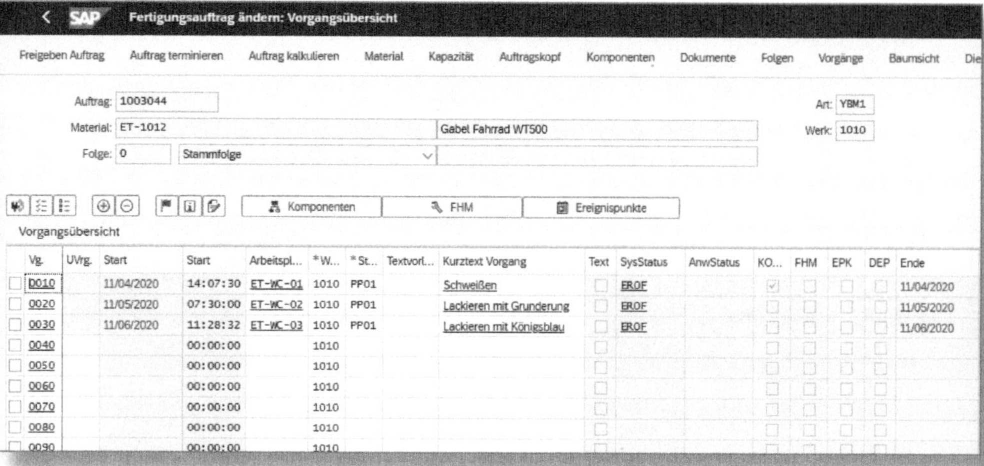

Abbildung 6.3: Vorgangsübersicht, Fertigungsauftrag Gabel

Durch Doppelklick auf eine Vorgangsnummer können Sie weitere Daten zu diesem Vorgang aufrufen. So erhält z. B. jeder Vorgang eines Auftrags weiterhin einen Status und eine individuelle Rückmeldenummer, mit der Sie eine Leistungs- und/oder Mengenrückmeldung durchführen können (siehe ❶ in Abbildung 6.4).

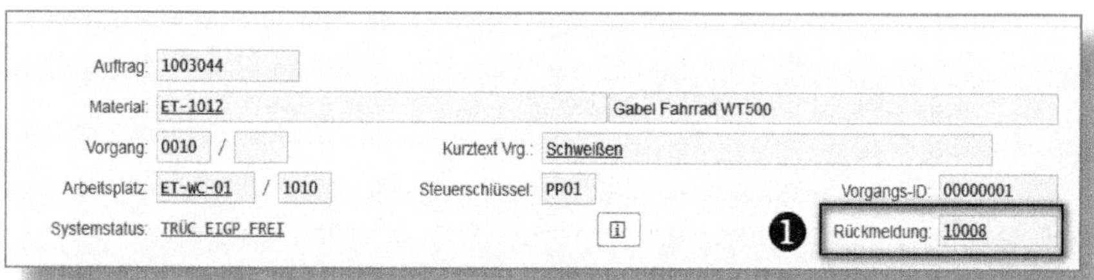

Abbildung 6.4: Rückmeldenummer zum Auftragsvorgang

Spaltenanordnung individualisieren

Diese Übersicht, wie auch viele andere, können Sie durch Verschieben der Spalten(köpfe) mit der Maus Ihren Bedürfnissen anpassen und anschließend als Vorgabe speichern. Dazu klicken Sie auf das Symbol rechts neben den Spaltenköpfen.

Es ist möglich, von dieser Ansicht in die der Vorgangsdetails zu wechseln: entweder durch einen Doppelklick auf die Vorgangsnummer oder über die entsprechende Schaltfläche.

Auch die Stückliste wird für den Auftrag kopiert und mit weiteren Daten angereichert. Sobald Sie die einzelnen Teile einem Vorgang zugeordnet haben, wird für jede Komponente – die entsprechende Konfiguration vorausgesetzt – der individuelle Bedarfstermin aus dem Vorgang genommen. Die Zuordnung bewirkt also, dass sich der Bedarfstermin der Komponente vom Eckstarttermin des Auftrags auf den Starttermin des entsprechenden Vorgangs verschiebt. In der Auftragsstückliste wird beispielsweise für jede einzelne Komponente dokumentiert, ob und wie viel von diesem Material bereits entnommen wurde (siehe Abbildung 6.5).

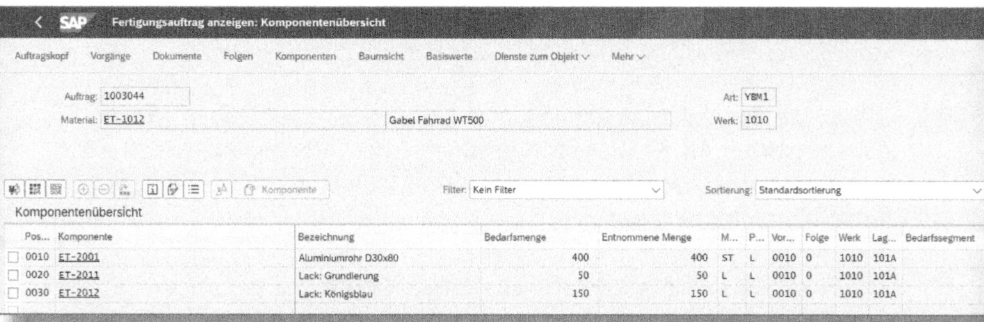

Pos...	Komponente	Bezeichnung	Bedarfsmenge	Entnommene Menge	M...	P...	Vor...	Folge	Werk	Lag...	Bedarfssegment
0010	ET-2001	Aluminiumrohr D30x80	400	400	ST	L	0010	0	1010	101A	
0020	ET-2011	Lack: Grundierung	50	50	L	L	0010	0	1010	101A	
0030	ET-2012	Lack: Königsblau	150	150	L	L	0010	0	1010	101A	

Abbildung 6.5: Komponentenübersicht, Fertigungsauftrag Gabel

Sie wechseln zwischen diesen Ansichten am einfachsten mit den Schaltflächen in der Symbolleiste des Auftrags (siehe Abbildung 6.6). Hier finden Sie auch die wichtigsten Funktionen zur Bearbeitung des Auftrags, beispielsweise für dessen Freigabe oder Terminierung.

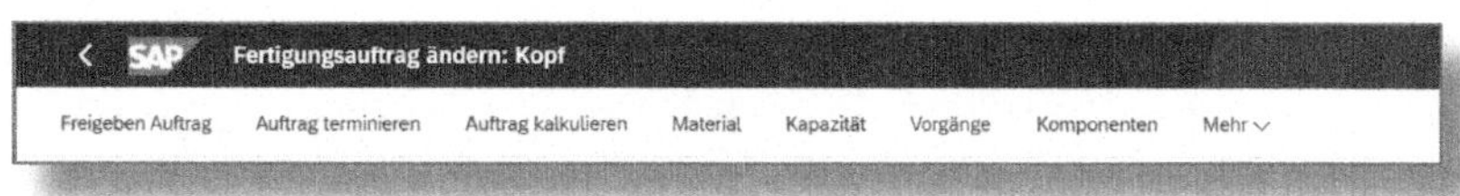

Abbildung 6.6: Symbolleiste im Fertigungsauftrag

6.2 Terminierung

Eine der wichtigsten Funktionen des Fertigungsauftrags ist die *Durchlaufterminierung*. Dabei wird, je nach Einstellung, vom Eckstarttermin des Planauftrags vorwärts oder vom *Eckende*-Termin rückwärts terminiert.

> **☛ Vorwärts-/Rückwärtsterminierung**
>
> Die Entscheidung, ob vorwärts oder rückwärts terminiert wird, hängt von dem verwendeten Dispositionsverfahren ab.
>
> Bei einer plan-, also *bedarfsgesteuerten Disposition* werden Sie vom Bedarf ausgehend rückwärts rechnen. Bei einer *Meldebestandsdisposition* hingegen rechnen Sie bei der Anlage des Auftrags vom Tag der Erstellung an vorwärts.

Die für die Terminierung notwendigen Daten erhält SAP S/4HANA aus dem kopierten Arbeitsplan, den dazugehörigen Arbeitsplätzen sowie aus dem *Horizontschlüssel*, der aus dem Materialstamm in die Kopfdaten übernommen wurde.

Ein Fertigungsauftrag besteht aus einer Vielzahl unterschiedlicher Termine und Terminierungsparameter. Wir werden Ihnen anhand von Abbildung 6.7 die wichtigsten Werte vorstellen.

Jeder Auftrag umfasst zwei Ecktermine, die den Auftrag in Beziehung zu anderen Aufträgen setzen. Der *Eckstart*-Termin legt den Bedarfszeitpunkt für die Komponenten fest und das *Eckende*-Datum gibt Aufschluss darüber, wann die Produktion abgeschlossen ist. Beide Daten werden immer auf Tagesbasis gebildet – d. h., sie sind nicht uhrzeitbestimmt.

Die terminierten Start- und Endpunkte des Auftrags stellen bereits Termine von Produktionsvorgängen dar und werden durch Zeitpuffer von den Eckdaten getrennt. Das *terminierte Ende* ist der Schlusszeitpunkt des letzten Arbeitsvorgangs des Auftrags und wird durch die *Sicherheitszeit* vom *Eckende*-Termin getrennt.

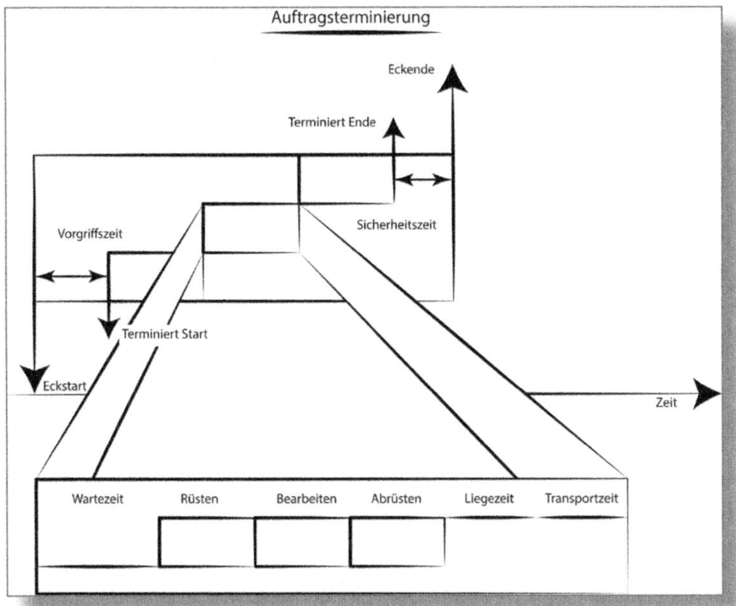

Abbildung 6.7: Auftrags- und Vorgangsterminierung

Der Beginn des ersten Vorgangs ist gleichzeitig der *terminierte Start* und liegt um die *Vorgriffszeit* versetzt hinter dem *Eckstart*-Termin. Diese Termine werden unter Berücksichtigung der Verfügbarkeit des benötigten Arbeitsplatzes gebildet und geben eine Uhrzeit vor (siehe auch Abbildung 6.2).

Zwischen beiden Terminen reihen sich die Fertigungsvorgänge aneinander. Jeder dieser Vorgänge besteht aus unterschiedlichen Abschnitten, die alle minutengenau geplant werden: Die *Wartezeit* gibt die benötigte Zeit von der »Ankunft« eines Auftrags am Arbeitsplatz bis zum Start des Rüstens an. Da es sich bei diesem Puffer um einen Mittelwert handelt, ist nicht klar, ob er im Einzelfall tatsächlich so groß wie angenommen ist. Folglich führt das Eintragen einer Wartezeit dazu, dass in S/4HANA für jeden Vorgang sowohl eine früheste (ohne Wartezeit) als auch eine späteste Lage der Termine (mit voller Wartezeit) gebildet werden. Tatsächlich wird der Auftrag dann zwischen diesen beiden Extremlagen ausgeführt.

Rüsten, *Bearbeiten* und *Abrüsten* sind die Abschnitte, in denen der Arbeitsplatz in Anspruch genommen wird. Beim Rüsten wird der Arbeitsplatz/die Maschine auf den Auftrag vorbereitet – es werden bspw. Werkzeuge bereitgelegt, Prüfmittel organisiert und das Maschinenprogramm geladen. Die Rüstzeit ist nicht von der Stückzahl des Auftrags abhängig. Die Bearbeitung beschreibt den Zeitraum, in dem – wie die Bezeichnung schon verrät – die Werkstücke bearbeitet werden, und ist von der gefertigten Stückzahl abhängig. Nach der Bearbeitung wird die Maschine abgerüstet bzw. gereinigt. Die hierfür benötigte Zeit ist wiederum mengenunabhängig.

Wenn es technologische Besonderheiten gibt, die einen sofortigen Transport der Ware zum nächsten Arbeitsplatz verhindern, z. B. das Abkühlen von Härtegut oder das Trocknen lackierter Teile, dann ist dies eine (prozessbedingte) *Liegezeit*. Der letzte Abschnitt eines Vorgangs ist schließlich die *Transportzeit* zum Nachfolger.

Wir schauen uns die vorgestellte Terminierung anhand eines Auftrags zur Fertigung der Fahrradgabel im Folgenden noch einmal genauer an. Für diesen Auftrag ist die Rückwärtsterminierung eingestellt; für die Vorwärtsrechnung gelten dieselben Beziehungen und Abhängigkeiten, nur in umgekehrter Reihenfolge. Aus der Nettobedarfsrechnung hat sich ergeben, dass der Fertigungsauftrag am *09.11.2020* abgeschlossen sein muss. Dies ist der *Eckende*-Termin, der bereits aus Abbildung 6.2 und als Ausschnitt des Auftragskopfes auch aus Abbildung 6.8 ❶ hervorgeht.

Weil im relevanten Horizontschlüssel keine SICHERHEITSZEIT hinterlegt ist ❷, schließt sich der terminierte Start an den *Eckende*-Termin an ❸. In unserem Beispiel ist dies der *06.11.2020* um *18:20:00 Uhr*. Dieser Termin ist gleichzeitig der letzte des VORGANGS *0030* ❹, dem dritten und letzten Produktionsschritt in diesem Auftrag. Bevor die Vorgänge Abrüsten, Bearbeiten und Rüsten terminiert werden, ist von diesem Datum ausgehend eine notwendige Liegezeit von *120 min.* abzuziehen. Daraus ergibt sich, dass der Lackierer spätestens am *06.11.2020* um *14:07:30 Uhr* seinen Arbeitsplatz für diesen Auftrag vorbereiten, sprich rüsten muss. Vor dem Rüsten wird die Wartezeit, hier sechs Stunden, in die Berechnung mit einbezogen. Dadurch entsteht für den Vorgang eine früheste Terminlage, die genau sechs Stunden zu der spätesten Lage versetzt ist. Der Vorgang kann folglich frühestens am *06.11.2020* um *11:42:30 Uhr* beendet werden und ist dafür am *06.11.2020* um *07:30:00 Uhr* zu rüsten. An diese frühestmögliche Lage für das Rüsten schließt sich der vorhergehende Vorgang – *0020* (Lackieren mit Grundierung) – an. Diese Terminierungsschleife wiederholt sich für jeden Vorgang.

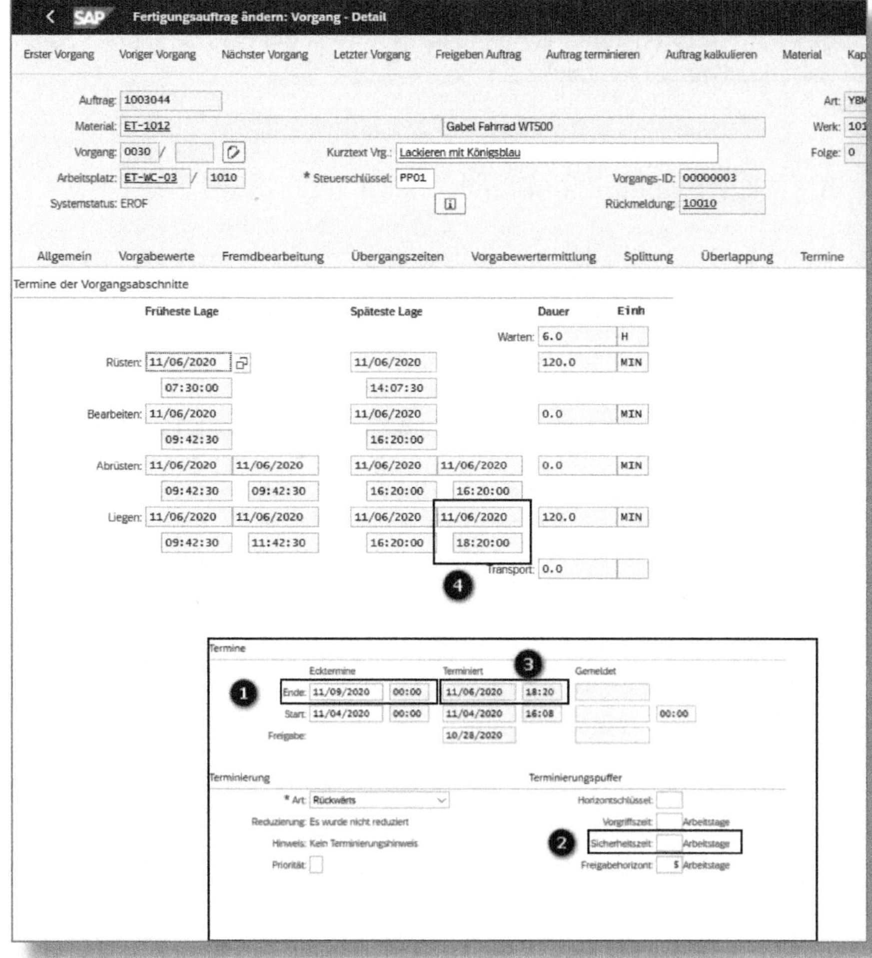

Abbildung 6.8: Vorgangstermine, Fertigungsauftrag Gabel

Über den frühesten Termin für das Rüsten im Vorgang 0010 (Schweißen) wird der terminierte Start bestimmt, wie Sie ihn im Auftragskopf sehen. Der Freigabetermin des Auftrags liegt schließlich um die im FREIGABEHORIZONT angegebene Anzahl von *5 Arbeitstagen* vor dem terminierten Start. Er ist ein Steuerungsdatum für die Freigabe der Fertigungsaufträge, ähnlich dem Eröffnungstermin der Planaufträge.

Die Terminierung eines Fertigungsauftrags wird bei dessen Eröffnung, ebenso wie bei dessen Sicherung, automatisch durchgeführt. Sollten Sie dazwischen Änderungen vornehmen und eine Neuterminierung des Auftrags wünschen, können Sie dies durch einen Klick auf das zugehörige Symbol tun (siehe Abbildung 6.6).

6.3 Verfügbarkeitsprüfung

Der nächste Schritt, den ein Fertigungsauftrag durchläuft, ist die *Materialverfügbarkeitsprüfung*. Hierbei wird anhand eines Regelwerks ermittelt, ob die benötigten Komponenten am Bedarfstermin für diesen Auftrag zur Verfügung stehen.

Bei der sogenannten *Available-to-promise-(ATP-)Prüfung* (Prüfung des zusicherbaren Bestandes) werden, ausgehend vom aktuellen Bestand und den erwarteten Zugängen bis zum Bedarfstermin, die Mengen abgezogen, die schon für einen anderen Abgang im Rahmen einer Prüfung reserviert wurden. Die verbleibende Menge (ATP-Menge) steht dem Auftrag zur Verfügung. Wenn sie ausreicht, erhält der Auftrag den Status »MABS« (Material bestätigt). Die ATP-Menge wird reserviert, damit sie bei nachfolgenden Prüfungen anderer Aufträge als »nicht mehr verfügbar« erkennbar ist. Reicht der vorhandene Bestand nicht aus, erhält der Auftrag den Status »FMAT« (Fehlmaterial).

Bei dem Fertigungsauftrag, den wir für die Gabel (Material ET-1012) angelegt haben, sind bei der automatischen Prüfung Fehlteile identifiziert worden. Direkt aus der Meldung heraus können Sie die FEHL-

TEILEÜBERSICHT aufrufen, die Abbildung 6.9 zeigt. Wir sehen, dass die ATP-Prüfung für zwei Komponenten keine ausreichende Deckung ergab. Für das Material ET-2011 fehlen *50 L* und für das Material ET-2012 sogar *150 L*. Nachfolgend wollen wir die Bestandssituation von Material ET-2011 genauer analysieren.

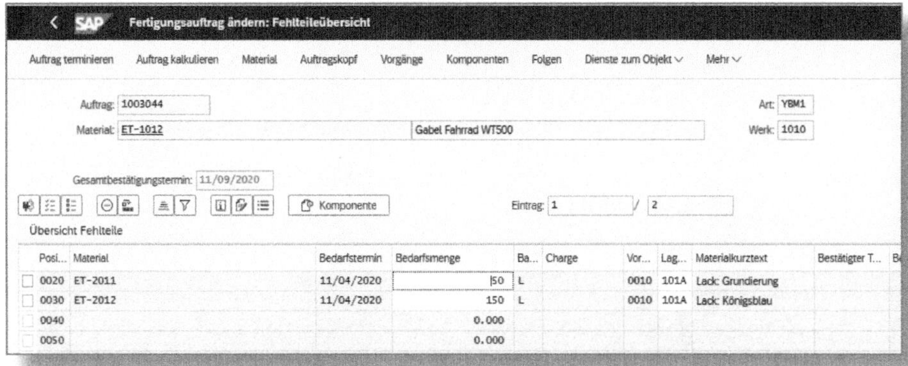

Abbildung 6.9: Fehlteileübersicht, Fertigungsauftrag Gabel

Dazu markieren wir die Zeile und klicken auf den Button KOMPONENTE. Wir bekommen zunächst einen Bestätigungsvorschlag angezeigt (siehe Abbildung 6.10). In diesem können wir noch nicht erkennen, wie das Ergebnis zustande kommt. Wir sehen im Prüfergebnis aber erneut, dass die BESTÄTIGUNG ZUM WUNSCHTERMIN nicht möglich ist, die VOLLSTÄNDIGE BESTÄTIGUNG erst zum 16.11.2020 erfolgen kann und es nur einen – den vollständigen – BESTÄTIGUNGSVORSCHLAG gibt. Wenn das SAP-System Teilbestätigungen vorschlagen könnte, würden diese in diesem Abschnitt angezeigt, was aber in unserem Beispiel nicht zutrifft. Um in einer nachfolgenden Sicht die Detailinformationen einzusehen, auf denen die Prüfung basierte, klicken wir auf den Button ATP-MENGEN.

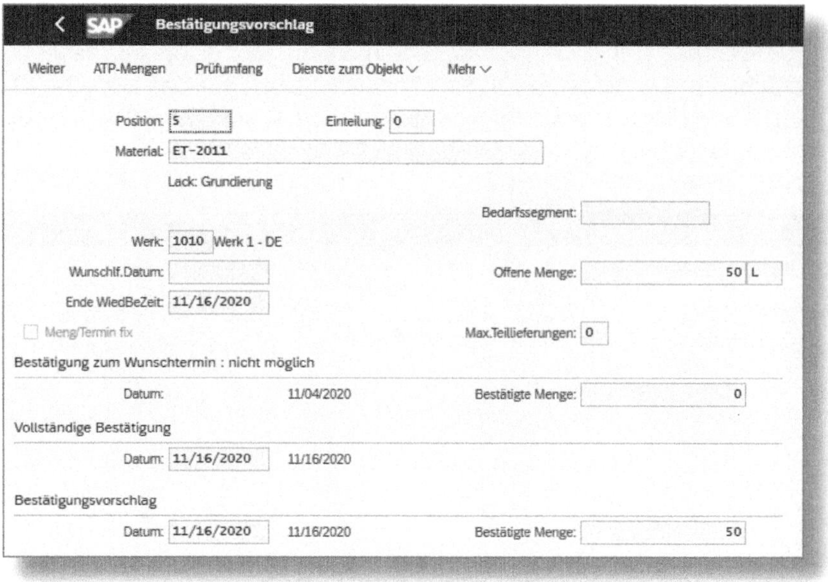

Bestätigungsvorschlag

Weiter ATP-Mengen Prüfumfang Dienste zum Objekt Mehr

Position: 5 Einteilung: 0
Material: ET-2011
Lack: Grundierung
Bedarfssegment:
Werk: 1010 Werk 1 - DE
Wunschlf.Datum: Offene Menge: 50 L
Ende WiedBeZeit: 11/16/2020
Meng/Termin fix Max.Teillieferungen: 0

Bestätigung zum Wunschtermin : nicht möglich
Datum: 11/04/2020 Bestätigte Menge: 0

Vollständige Bestätigung
Datum: 11/16/2020 11/16/2020

Bestätigungsvorschlag
Datum: 11/16/2020 11/16/2020 Bestätigte Menge: 50

Abbildung 6.10: Bestätigungsvorschlag, Lack – Grundierung

Die sich nun öffnende VERFÜGBARKEITSÜBERSICHT (siehe Abbildung 6.11) zeigt uns in der ATP-SITUATION, wie die Ergebnisse der Prüfung zustande kommen. Chronologisch wird hier der ZUGANG/BEDARF für die relevanten Dispositionselemente dargestellt. Diese Form kennen wir bereits aus der Bedarfs-/Bestandsliste (vgl. Abschnitt 5.3); hier ist sie jedoch um die Spalten BESTÄTIGT und KUM. ATP-MG. (bezeichnet die zu diesem Zeitpunkt insgesamt verfügbare Menge) ergänzt.

Wir sehen in der ersten Zeile, dass der Lagerbestand (BEST.) 0 beträgt, somit also kein Bestand für unsere aktuelle Prüfung (dargestellt durch das Dispo-Element SI-BED) für den *04.11.2020* verfügbar ist. Erst am *16.11.2020* gibt es einen Zugang von *50 L* durch eine Bestellanforderung (BE-ANF). Dieser Warenzugang hat zu dem Bestätigungstermin geführt, der im vorhergehenden Bild ausgegeben wurde.

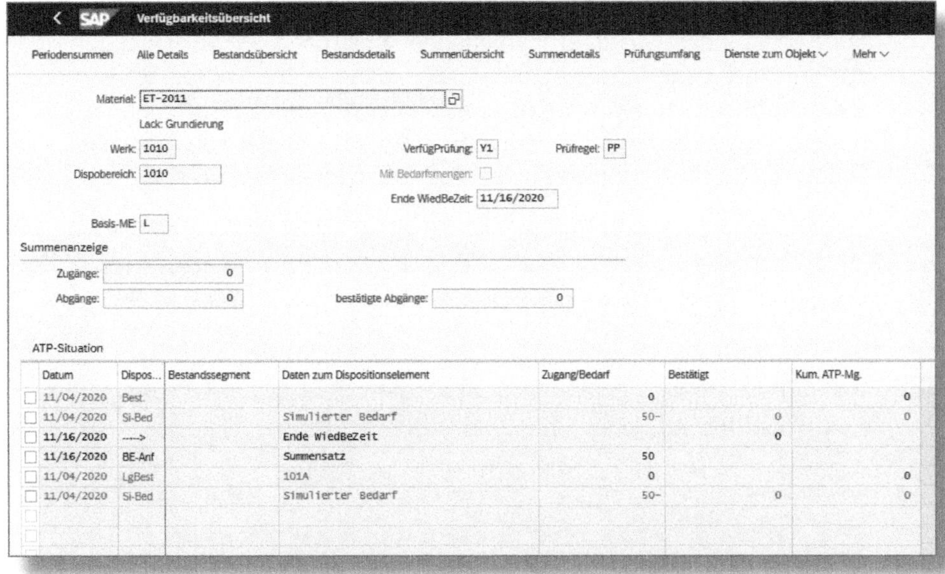

Abbildung 6.11: Verfügbarkeitsprüfung, Lack – Grundierung

6.4 Auftragsfreigabe

Sobald Planung und Auftragseröffnung abgeschlossen sind, sollte die Fertigung erfolgen. Den Startschuss hierfür stellt die *Auftragsfreigabe* dar. Erst hierbei bzw. (kurz) danach können die folgenden Tätigkeiten durchgeführt werden:

- Druck der Auftragspapiere
- Buchung der Lagerentnahmen
- Rückmeldung von Vorgängen
- Buchung des Lagerzugangs

Sie können die Freigabe interaktiv im Auftrag durchführen (siehe Abbildung 6.12), indem Sie die entsprechende Schaltfläche im Auftragskopf ❶ drücken. Dann ist direkt ersichtlich, wie sich der STATUS ❷ von *EROF* (eröffnet) zu *FREI* (freigegeben) ändert. Alle noch offenen Aktionen, die mit der Freigabe verknüpft sind, wie z. B. der automatische Druck, werden beim Speichern des Auftrags ausgeführt.

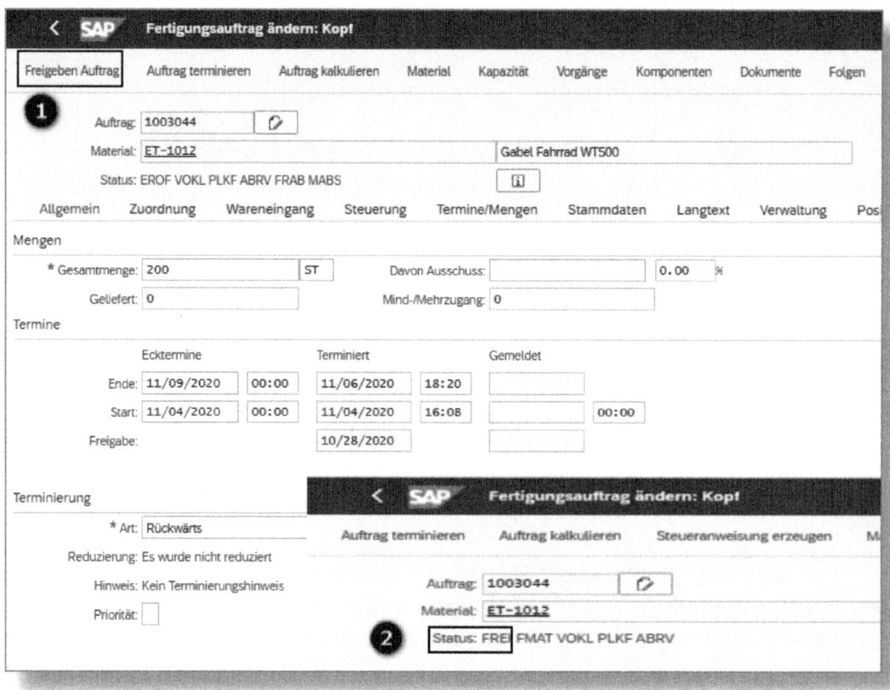

Abbildung 6.12: Auftragsfreigabe, Kopfsicht

Sie können alternativ auch eine Massenfreigabe mittels der Transaktion *CO05N* (SAP MENÜ • LOGISTIK • PRODUKTION • FERTIGUNGSSTEUERUNG • STEUERUNG) bzw. in S/4HANA bevorzugt mit der Fiori-App »Fertigungsaufträge freigeben« durchführen (Einstieg siehe Abbildung 6.13). Hierbei hilft insbesondere eine Einschränkung der Selektion auf das PRODUKTIONSWERK und die AUFTRAGSART. Aber auch sämtliche anderen Parameter, wie z. B. der SYSTEMSTATUS, können nützliche Selektionsparameter sein, um die freizugebenden Aufträge anzuzeigen.

Sie starten die Transaktion mit [F8] oder klicken in der App auf den Button Ausführen, der sich am rechten unteren Rand befindet (hier nicht mehr zu sehen).

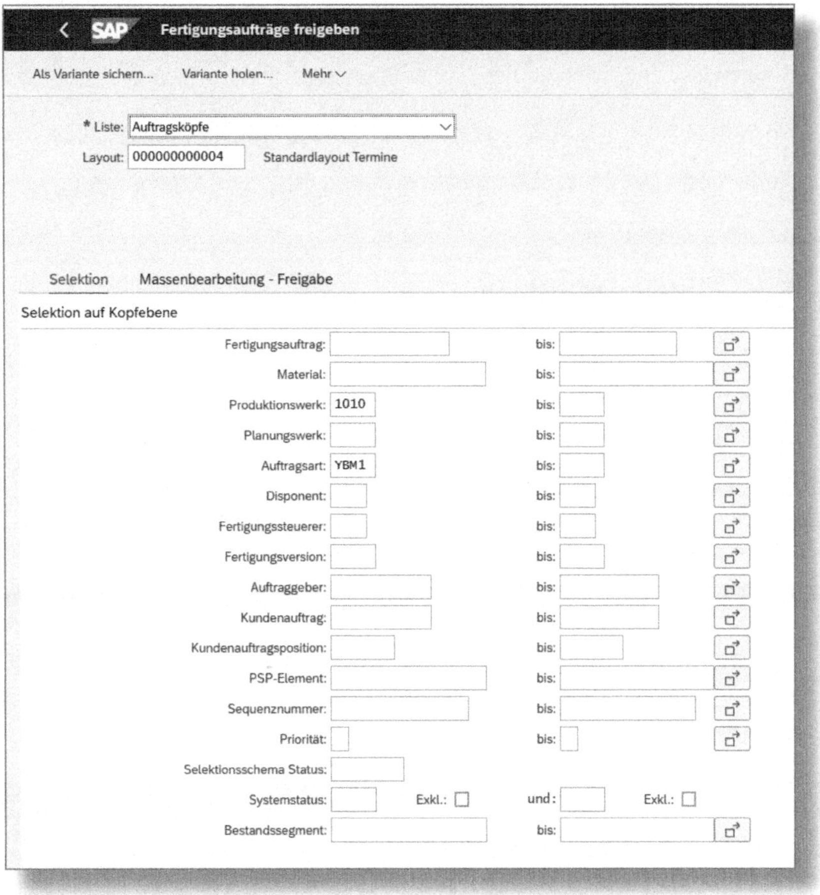

Abbildung 6.13: Massenfreigabe Fertigungsaufträge, Einstieg

In der sich anschließenden Auftragsliste (siehe Abbildung 6.14) sind die AUFTRÄGE aufgeführt, die unserer Selektion entsprechen. Wenn alles in Ordnung ist und wir diese komplett freigeben wollen, markieren wir alle mit einem Klick auf die entsprechende Schaltfläche ❶ und starten die Freigabe anschließend mit der Taste für die MASSENBEARBEITUNG ❷.

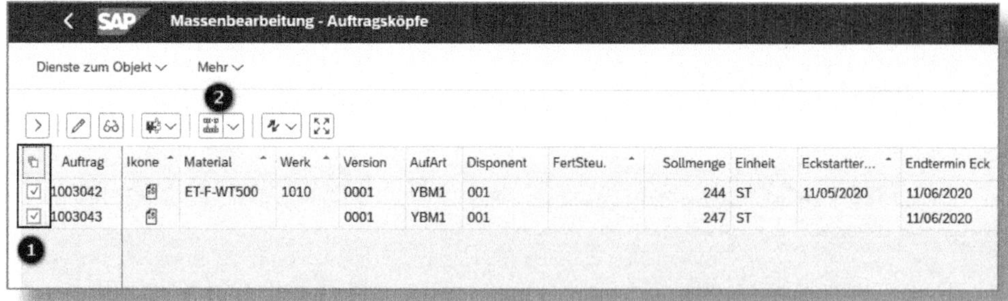

Abbildung 6.14: Massenfreigabe Fertigungsaufträge, Durchführung

6.5 Materialentnahme

Nach der Auftragsfreigabe müssen die Komponenten aus dem Lager entnommen werden. Die Buchung dieser Entnahme erfolgt mittels der Fiori-App »Warenbewegung buchen« bzw. mit der Transaktion *MIGO* (SAP MENÜ • LOGISTIK • MATERIALWIRTSCHAFT • BESTANDSFÜHRUNG • WARENBEWEGUNG) mit Bezug zum Fertigungsauftrag (siehe Abbildung 6.15). Wir wählen aus dem Drop-down-Menü die Optionen ❶ WARENAUSGANG und AUFTRAG und geben in das dritte Feld unsere Auftragsnummer *1003044* ein. Anhand unserer Auswahl hat SAP S/4HANA schon die richtige Bewegungsart *261* »WA für Auftrag« abgeleitet ❷ und zeigt sie uns an. Wir bestätigen die Eingabe der Auftragsnummer mit `Enter`, woraufhin uns die Komponenten dieses Auftrags ausgegeben werden.

Abbildung 6.15: Erfassen des Warenausgangs, Warenbewegung buchen – Einstieg

Für jede Komponente des Fertigungsauftrags haben wir jetzt noch die Möglichkeit, die MENGE und den LAGERORT anzupassen (siehe Abbildung 6.16).

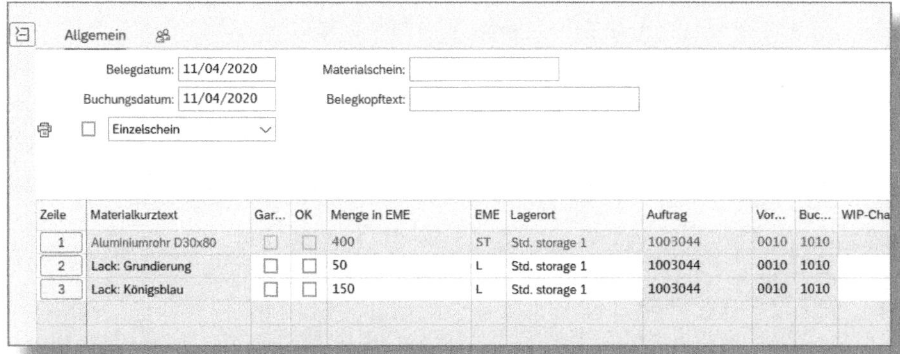

Abbildung 6.16: Erfassen des Warenausgangs, Auswahl der Komponenten

Wenn wir mit den eingegebenen Werten zufrieden sind, markieren wir die Positionen, die gebucht werden sollen, mit OK ❶ (Abbildung 6.17 zeigt die untere Hälfte des Screens der App »Warenbewegung buchen«) und klicken auf den Button PRÜFEN ❷, um zu kontrollieren, ob die eingegebenen Daten passen (bzw. eine Buchung möglich wäre). Wir schließen den Vorgang mit BUCHEN ❸ ab.

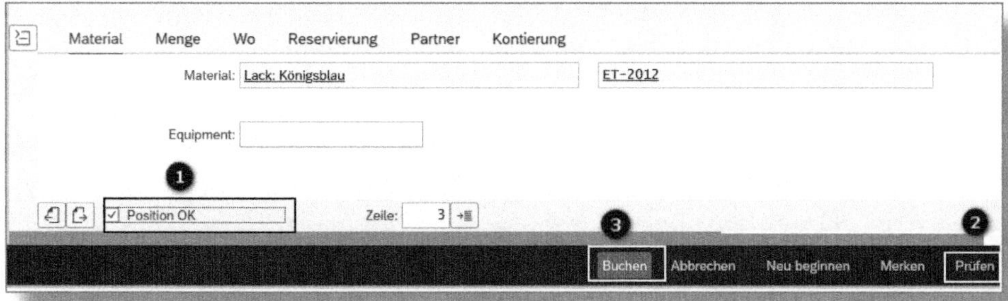

Abbildung 6.17: Erfassen des Warenausgangs, Prüfen und Buchen

Die Buchung hat mehrere Auswirkungen:

- Der Bestand wird reduziert,
- der Bedarf abgebaut,
- der Auftrag mit den Ist-Kosten belastet und
- es werden ein Materialbeleg sowie ein Buchhaltungsbeleg zur Dokumentation der Materialbewegung erzeugt.

Sie können das Ergebnis der Buchung auch in der KOMPONENTENÜBERSICHT des Fertigungsauftrags nachvollziehen (siehe Abbildung 6.18). Hier finden Sie in den entsprechenden Spalten die BEDARFSMENGE ❶ und ein Kennzeichen, das aussagt, ob die Position vollständig entnommen wurde ❷.

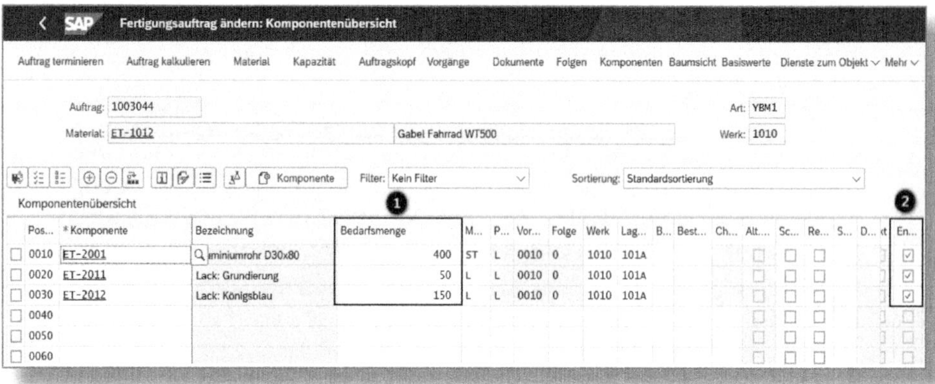

Abbildung 6.18: Fertigungsauftrag, Komponenten entnommen

Wenn bestimmte, regelmäßig benötigte Komponenten wie etwa Schrauben nicht im Lager, sondern am Montagearbeitsplatz vorrätig sind, ist eine Materialentnahme mittels retrograder Entnahme sinnvoller als eine Buchung im Lager.

Retrograde Entnahme

Bei der retrograden Entnahme wird die Buchung des Materials mit der Rückmeldung des Vorgangs verknüpft. Wenn Sie einen Vorgang rückmelden, dem in der Komponentenzuordnung (vgl. Abschnitt

> 3.4) Materialien zugeordnet und diese als »retrograd entnehmen« gekennzeichnet worden sind, wird eine Materialentnahme in Höhe der von Ihnen eingegebenen Rückmeldemenge durchgeführt.

6.6 Rückmeldungen

Mithilfe der *Rückmeldung* erfassen Sie den Fertigungsfortschritt und machen ihn für andere Benutzer von SAP S/4HANA transparent. Dadurch können Sie Ihre Produktion überwachen und ggf. korrigierend eingreifen. Bei der Rückmeldung können Sie folgende Werte eingeben:

- Mengen
- Leistungen
- Termine
- Personaldaten
- Arbeitsplätze

Schon anhand der retrograden Entnahme konnten Sie sehen, dass eine Rückmeldung mehr umfasst als nur die Dokumentation von Mengen und Leistungen. So werden z. B. anhand der gemeldeten Leistungen weitere Ist-Kosten auf den Fertigungsauftrag belastet. Auch kann die Rückmeldung eine automatische Warenzugangsbuchung des Auftrags auslösen, die einer retrograden Entnahme entgegengesetzt ist.

Die wohl gebräuchlichste Form der Rückmeldung ist der *Lohn-Rückmeldeschein*, den Sie mithilfe der Fiori-App »Fertigungsauftragsvorgang rückmelden« erfassen können (siehe Abbildung 6.19). Selbstverständlich steht Ihnen auch in S/4HANA dafür weiterhin die Transaktion *CO11N* zur Verfügung. Hierbei starten Sie nach Beendigung eines Vorgangs die App und geben im Feld RÜCKMELDUNG ❶ die Rückmeldenummer des Vorgangs ein. Nach Betätigen der Eingabetaste lädt S/4HANA die Auftragsdaten und Sie können die Gut- und ggf. Ausschussmenge ❷ sowie die benötigte Leistung (Rüst-, Maschinen- und Personalanteile) ❸ bearbeiten. Die Rückmeldung wird durchgeführt, sobald Sie durch einen Klick auf den Button SICHERN (befindet sich in Fiori immer am rechten unteren Rand der Apps) speichern.

Teilrückmeldungen

Sie müssen nicht immer den gesamten Vorgang mit der kompletten Stückzahl zurückmelden. Denkbar ist auch eine Teilmeldung von Menge und Leistung am Ende der Schicht oder des Arbeitstages. Dadurch wird der aktuelle Abarbeitungsstand der Fertigung dokumentiert und ist für andere SAP-Benutzer nachvollziehbar.

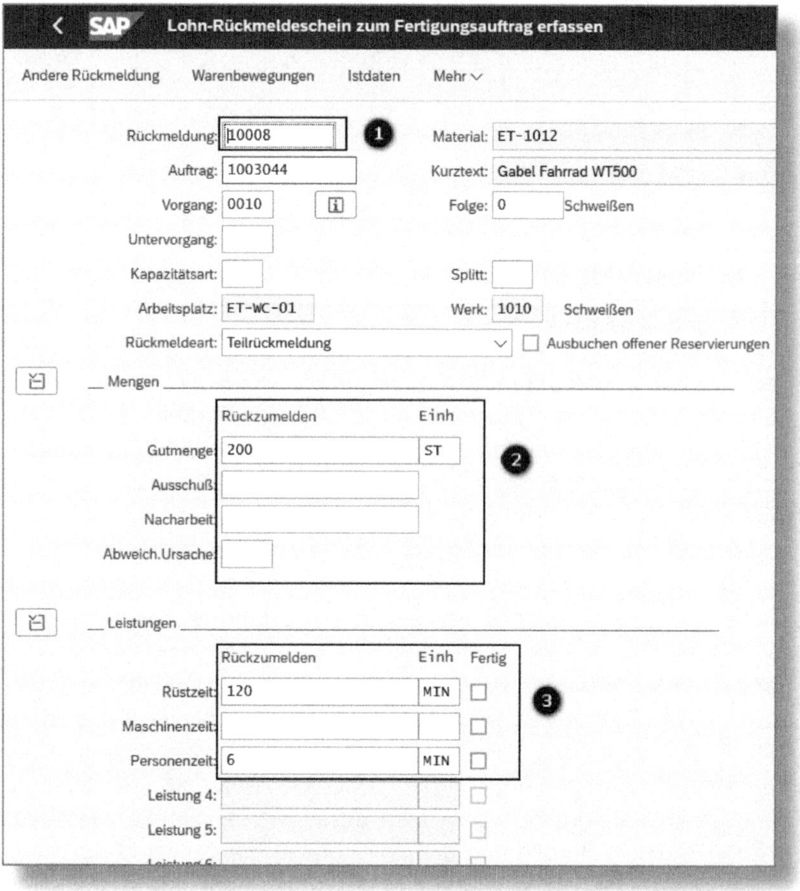

Abbildung 6.19: Fiori-App »Fertigungsauftragsvorgang rückmelden«

6.7 Wareneingang zum Fertigungsauftrag

Wir haben den Warenausgang der Komponenten in Abschnitt 6.5 erfasst, und ebenso müssen wir den Wareneingang des fertigen Materials buchen, wenn dieses im Lager eintrifft.

Dazu starten wir erneut die App »Warenbewegung buchen« bzw. die Transaktion *MIGO*. Dieses Mal wählen wir aber die Funktionen WARENEINGANG sowie AUFTRAG und ergänzen wieder unsere Auftragsnummer (siehe Abbildung 6.20). SAP S/4HANA gibt uns auch hier die richtige Warenbewegung *101* vor.

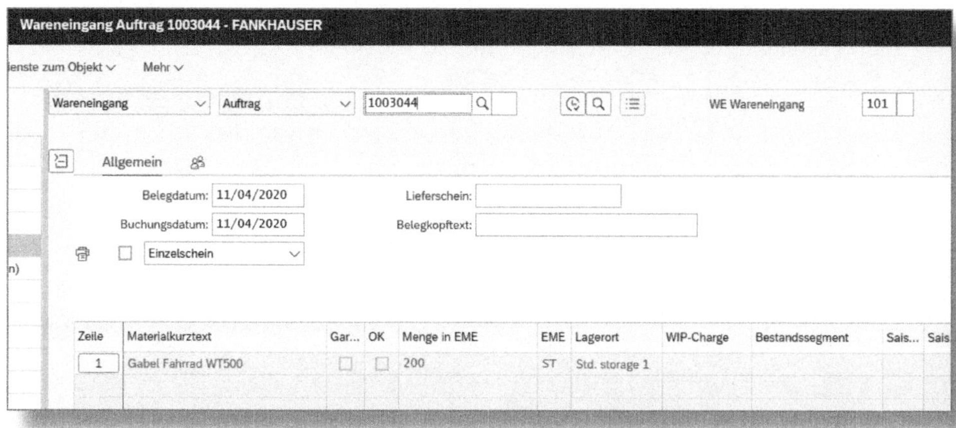

Abbildung 6.20: Erfassen des Wareneingangs, Einstieg Warenbewegung buchen

Nachdem wir die Auftragsnummer mit [Enter] bestätigt haben, wird in der ersten Zeile das Zielmaterial unseres Produktionsauftrags mit der Auftragsmenge angezeigt (siehe Abbildung 6.21). In den Positionsdetails können wir uns alle Daten noch einmal anschauen, bevor wir diese Warenbewegung mit Klick auf den gleichnamigen Button (wie in Abschnitt 6.5 beschrieben) BUCHEN.

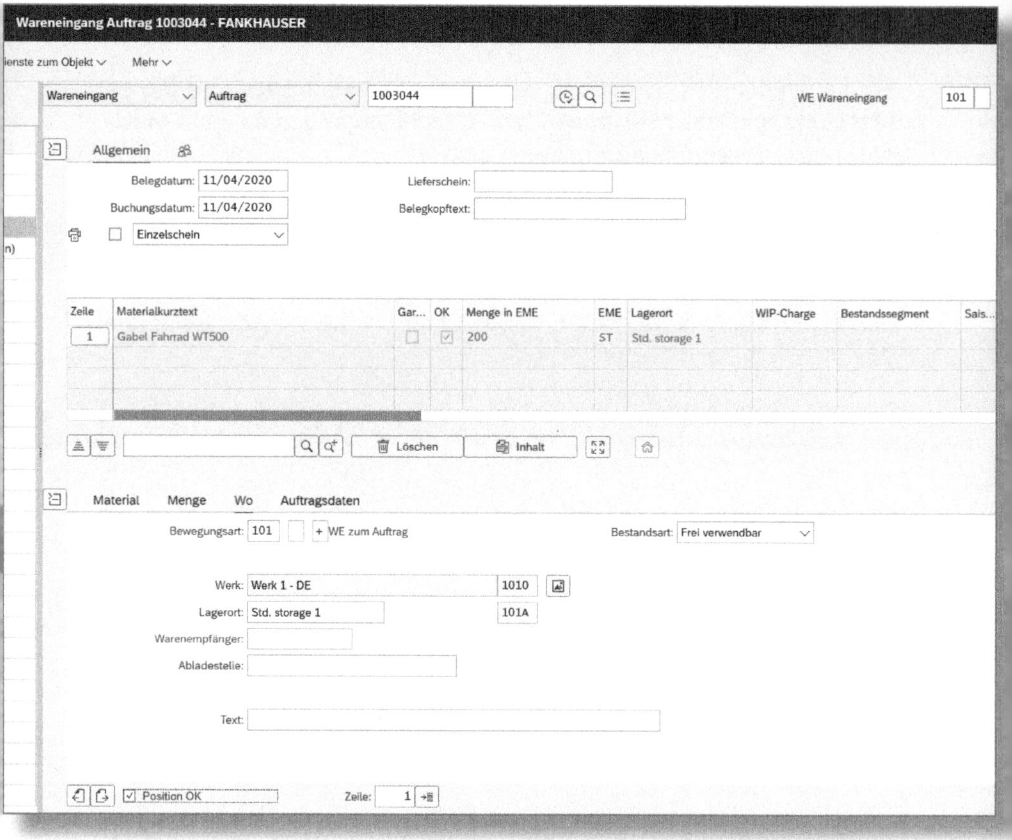

Abbildung 6.21: Erfassen Wareneingang, Abschluss Warenbewegung buchen

Eine noch elegantere Möglichkeit, den Wareneingang zu einem Fertigungsauftrag zu buchen, bietet S/4HANA mit der Fiori-App »Wareneingang zum Fertigungsauftrag buchen«. Im Einstiegsbild wird die Nummer des FERTIGUNGSAUFTRAGS eingegeben, zu dem der Wareneingang gebucht werden soll (siehe Abbildung 6.22).

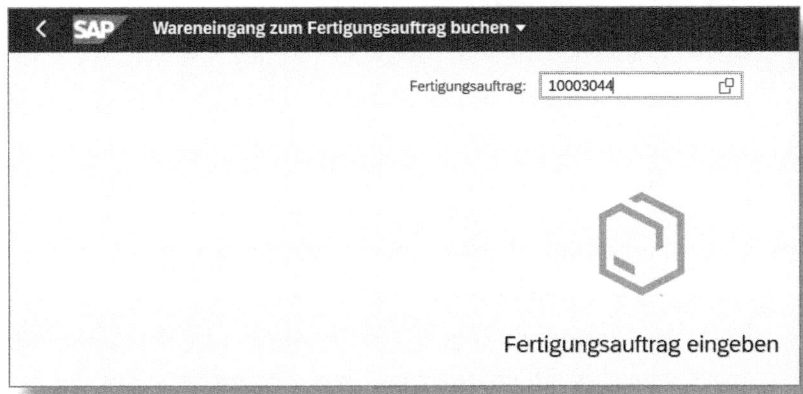

Abbildung 6.22: Wareneingang zum Fertigungsauftrag buchen, Einstieg

Nach Bestätigung der Auftragsnummer können die Daten noch angepasst werden (gelieferte Menge bzw. LAGERORT der Buchung), wie aus Abbildung 6.23 hervorgeht. Durch Klick auf den Button BUCHEN wird die Buchung schließlich durchgeführt.

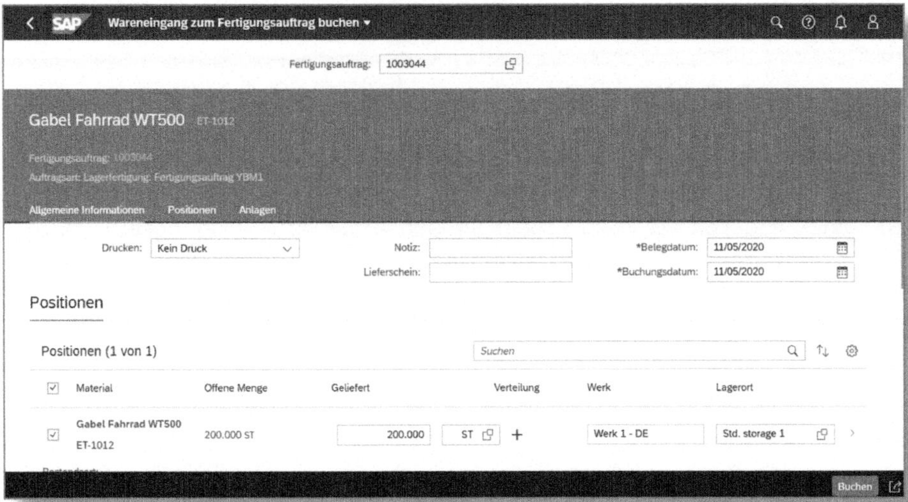

Abbildung 6.23: Wareneingang zum Fertigungsauftrag buchen, Details

Diese Buchung hat folgende Auswirkungen:

- Der Materialbestand wird erhöht,
- die noch offene Zugangsmenge des Fertigungsauftrags reduziert,
- der Fertigungsauftrag von den Ist-Kosten entlastet, und es werden ein Materialbeleg sowie ein Buchhaltungsbeleg zur Dokumentation der Materialbewegung erzeugt.

Literaturhinweis

Zu den Themen Materialbestand und -beleg finden Sie in dem Buch »Bestandsführung und Kontenfindung mit SAP® ERP MM« (Licha, Espresso Tutorials, 2014) vertiefende Informationen.

Wir rufen den Fertigungsauftrag zur Kontrolle mit der Fiori-App »Fertigungsauftrag anzeigen« bzw. mit der Transaktion *CO03* auf und sehen in Abbildung 6.24, dass dieser unter GELIEFERT eine Menge von *200 ST* ❶ aufweist. Das heißt, dass die gesamte geplante Menge ist nun ans Lager geliefert worden ist.

Mit SAP S/4HANA bietet sich Ihnen zudem die Möglichkeit, die Fiori-App »Fertigungsaufträge bearbeiten« zu nutzen. Im Startbildschirm der App können Sie mithilfe der Filterkriterien im oberen Bereich der App bestimmen, welche Fertigungsaufträge unterhalb des Kopfbereiches angezeigt werden sollen. Sie sehen hier pro Fertigungsauftrag das MATERIAL, die OFFENE MENGE, den STATUS, Termine und weitere relevante Daten (siehe Abbildung 6.25).

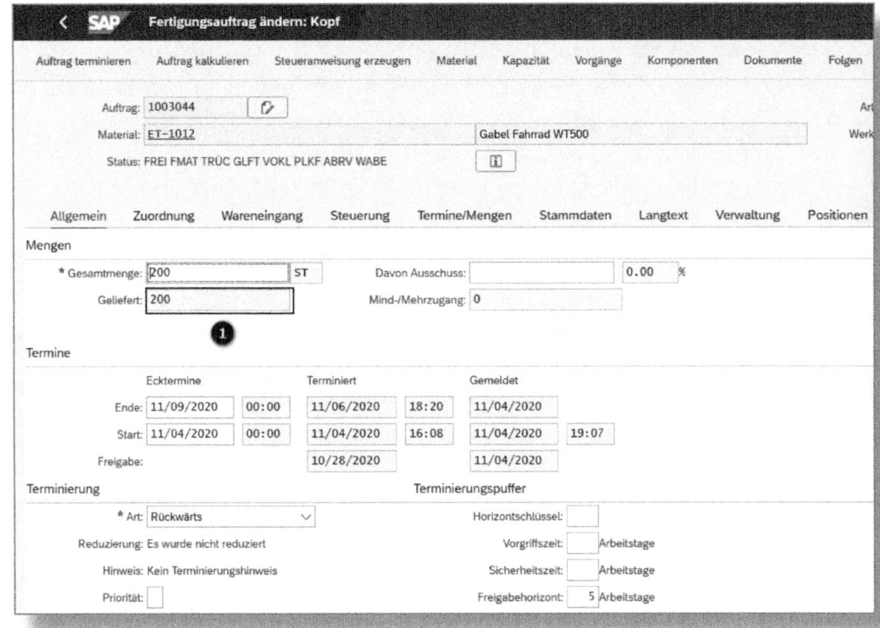

Abbildung 6.24: Fertigungsauftrag, gelieferte Menge

Abbildung 6.25: Fiori-App »Fertigungsaufträge bearbeiten«, Übersicht

Durch Markieren eines Auftrags ❶ können Sie die Bearbeitungsfunktionen der App ❷ nutzen (siehe Abbildung 6.26). Beispielsweise lassen sich TERMINE UND MENGEN ÄNDERN (beim Anklicken des Buttons öffnet sich ein Pop-up, in das die gewünschten Daten eingegeben werden können), oder Sie können den Auftrag BEARBEITEN (Absprung in die App »Fertigungsauftrag ändern«), direkt freigeben bzw. die zugehörigen STAMMDATEN LESEN.

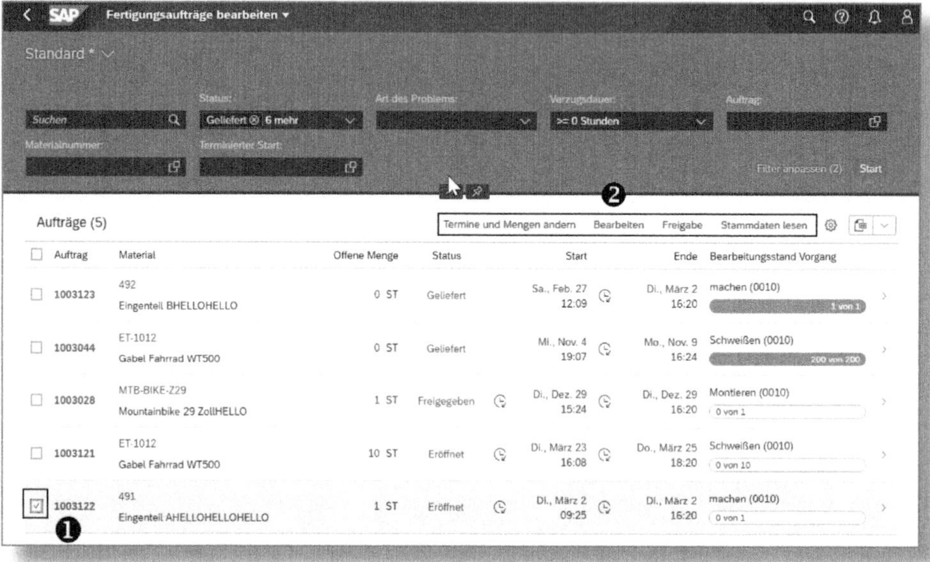

Abbildung 6.26: Fertigungsaufträge bearbeiten, Funktionen

Somit bietet die App eine geordnete Übersicht über alle Fertigungsaufträge und ermöglicht es dem User, schnell und unkompliziert Änderungen an einzelnen Aufträgen durchzuführen.

7 Kapazitätsplanung

Die für die Fertigung zu erbringende Leistung, der Kapazitätsbedarf, benötigt stets auch ein freies Kapazitätsangebot, um realisiert werden zu können. In diesem Kapitel zeigen wir Ihnen, wie Sie einen Überblick über Ihre Kapazitätsauslastung erhalten und wie Sie mit begrenzten Kapazitäten effektiv planen können.

7.1 Kapazitätsauswertungen

Eine einfache Möglichkeit, einen Überblick über die Auslastung Ihrer Arbeitsplätze und Maschinen zu erhalten, ist eine Gegenüberstellung vom Kapazitätsbedarf Ihrer Aufträge und dem vorhandenen Kapazitätsangebot der Arbeitsplätze. In SAP ERP ermöglichen u. a. die Transaktionen *CM01* und *CM02* (SAP MENÜ • LOGISTIK • PRODUKTION • KAPAZITÄTSPLANUNG • AUSWERTUNG • ARBEITSPLATZSICHT) diese Form der Auswertung. In S/4HANA können Sie alternativ die Fiori-App »Arbeitsplatzkapazität verwalten« verwenden.

Der Kapazitätsbedarf wird aus den im Arbeitsplan hinterlegten Vorgabewerten und der Auftragsmenge mithilfe der im Arbeitsplatz eingestellten Formel berechnet. Beachten Sie jedoch, dass es unterschiedliche Formeln für Terminierung und Kapazitätsberechnung gibt! Abgebaut wird der Kapazitätsbedarf in der Regel durch die Rückmeldung des entsprechenden Vorgangs. Dabei erfolgt die Aktualisierung des Bedarfs normalerweise entsprechend der rückgemeldeten Menge.

Das Kapazitätsangebot wird zu jeder bzw. für jede Kapazitätsart pro Arbeitsplatz gepflegt. Dazu geben Sie den Schichtplan des Arbeitsplatzes in den Stammdaten der Arbeitsplatzkapazität ein. Wenn kein Schichtplan gepflegt wird, können Sie auch mit dem Standardangebot arbeiten. Dieses ist grob eingestellt und für die Zukunft konstant, sodass keine Schwankungen (z. B. Urlaube) berücksichtigt werden können.

Wenn Sie sich einen Überblick über die Kapazitätsbelastung eines Arbeitsplatzes, bspw. des Schweißplatzes ET-WC-01, verschaffen wollen, verwenden Sie die Fiori-App »Arbeitsplatzkapazität verwalten« bzw. die Transaktion *CM01*. Im Einstiegsbild der Transaktion geben Sie für unser Beispiel den ARBEITSPLATZ *ET-WC-01* sowie das WERK *1010* ein und bestätigen dies mit [ENTER]. In der App sehen Sie stattdessen eine Übersicht über alle selektierten Arbeitsplätze (siehe Abbildung 7.1).

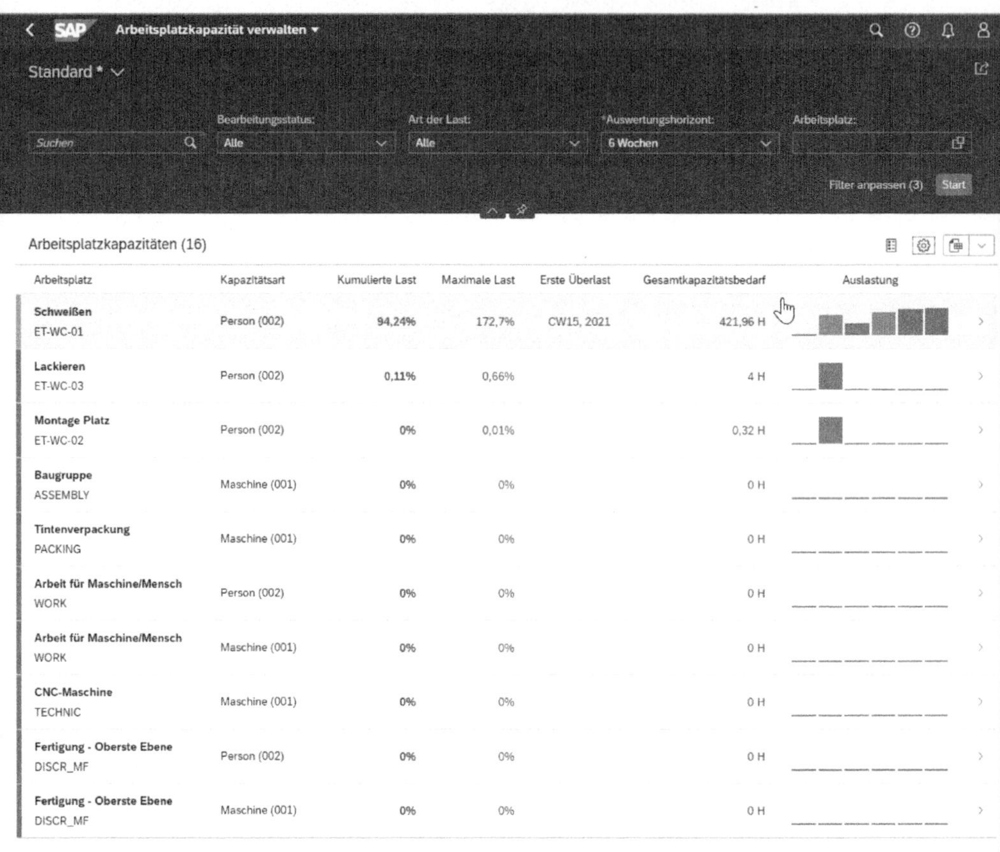

Abbildung 7.1: Arbeitsplatzkapazität verwalten, Einstiegsbild

Anschließend gelangen Sie in der Transaktion in die Standardübersicht der Kapazitätsauswertung, während Sie in der App auf eine gewünschte Zeile klicken, um Details zur Kapazitätssituation eines Arbeitsplatzes zu erhalten (siehe Abbildung 7.2).

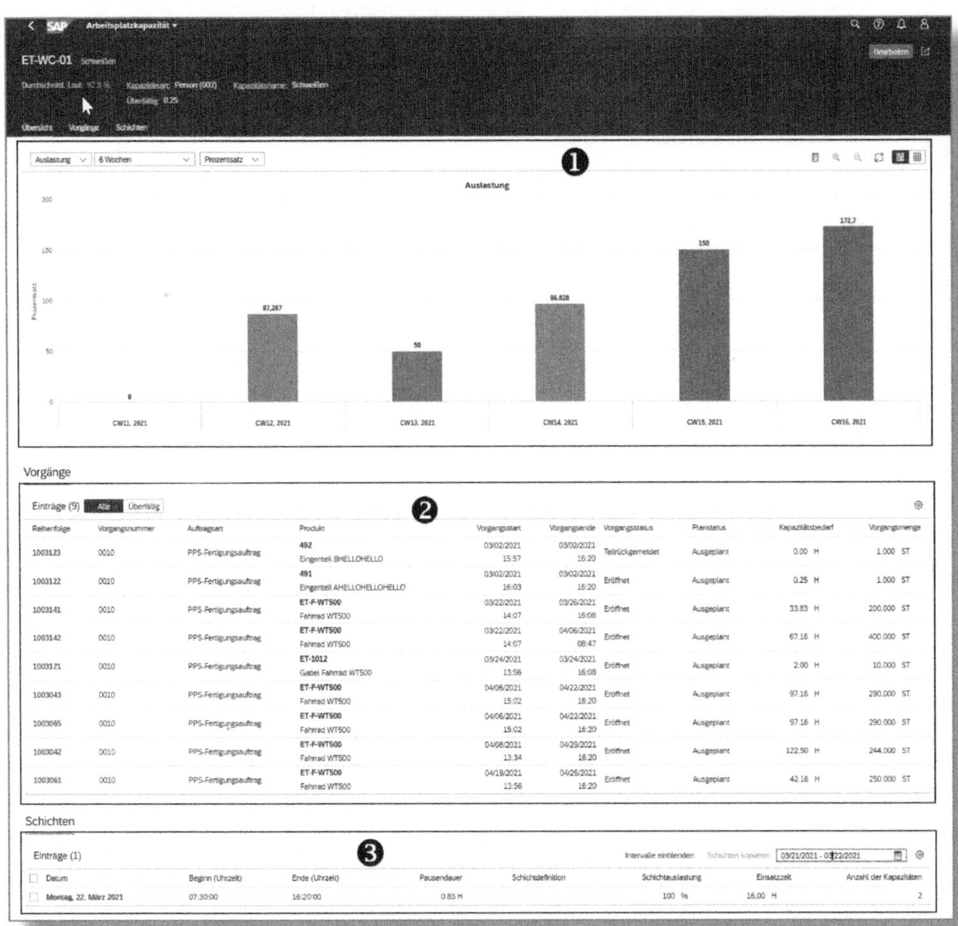

Abbildung 7.2: Arbeitsplatzkapazität verwalten, Detailansicht

Für jede Kalenderwoche sehen Sie in der App unter ❶ eine grafische Übersicht zur Auslastung des Arbeitsplatzes. Diese ist in Abbildung 7.3 vergrößert dargestellt: Eine Auslastung zwischen 0 % und 80 %

wird als grüner Balken ❷, eine kritische Auslastung zwischen 80 % und 100 % mit Orange ❶ und eine Überlast >100 % mit roten Balken ❸ gekennzeichnet.

In Abbildung 7.2 werden unter ❷ die Fertigungsauftragsvorgänge dargestellt, die zur entsprechenden Last am Arbeitsplatz führen, und unter ❸ können pro Kalendertag die SCHICHTEN analysiert werden. Beides sehen Sie in Abbildung 7.4 und Abbildung 7.5 noch einmal einzeln und vergrößert dargestellt.

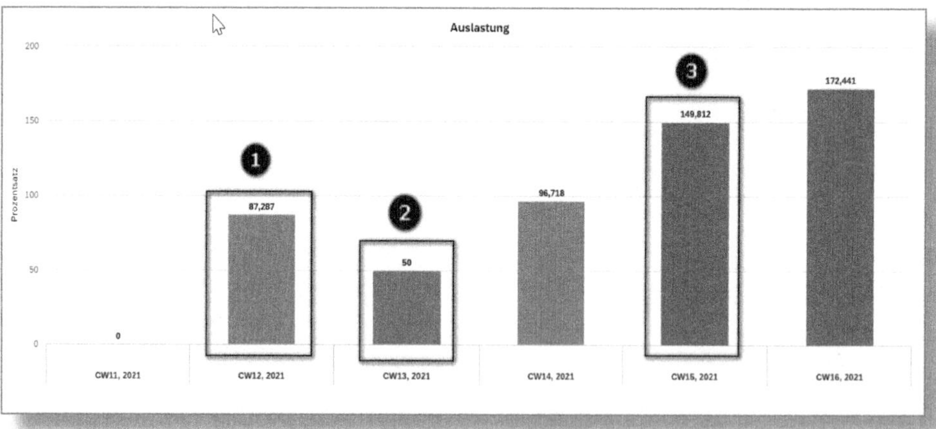

Abbildung 7.3: Grafische Darstellung der Kapazitätsauslastung

Vorgänge

Einträge (9) Alle Überfällig

Reihenfolge	Vorgangsnummer	Produkt	Vorgangsstart	Vorgangsende	Vorgangsstatus	Planstatus	Kapazitätsbedarf
1003123	0010	**492** Eingenteil BHELLOHELLO	03/02/2021 15:57	03/02/2021 16:20	Teilrückgemeldet	Ausgeplant	0.00 H
Vorgangsmenge: 1.000 ST							
1003122	0010	**491** Eingenteil AHELLOHELLOHELLO	03/02/2021 16:03	03/02/2021 16:20	Eröffnet	Ausgeplant	0.25 H
Vorgangsmenge: 1.000 ST							
1003141	0010	**ET-F-WT500** Fahrrad WT500	03/22/2021 14:07	03/26/2021 16:08	Eröffnet	Ausgeplant	33.83 H
Vorgangsmenge: 200.000 ST							
1003142	0010	**ET-F-WT500** Fahrrad WT500	03/22/2021 14:07	04/06/2021 08:47	Eröffnet	Ausgeplant	67.16 H
Vorgangsmenge: 400.000 ST							
1003121	0010	**ET-1012** Gabel Fahrrad WT500	03/24/2021 13:56	03/24/2021 16:08	Eröffnet	Ausgeplant	2.00 H
Vorgangsmenge: 10.000 ST							
1003043	0010	**ET-F-WT500** Fahrrad WT500	04/06/2021 15:02	04/22/2021 16:20	Eröffnet	Ausgeplant	97.16 H
Vorgangsmenge: 290.000 ST							
1003065	0010	**ET-F-WT500** Fahrrad WT500	04/06/2021 15:02	04/22/2021 16:20	Eröffnet	Ausgeplant	97.16 H
Vorgangsmenge: 290.000 ST							
1003042	0010	**ET-F-WT500** Fahrrad WT500	04/08/2021 13:34	04/29/2021 16:20	Eröffnet	Ausgeplant	122.50 H
Vorgangsmenge: 244.000 ST							
1003061	0010	**ET-F-WT500** Fahrrad WT500	04/19/2021 13:56	04/26/2021 16:20	Eröffnet	Ausgeplant	42.16 H
Vorgangsmenge: 250.000 ST							

Abbildung 7.4: Fertigungsauftragsvorgänge

Schichten

Einträge (16) Intervalle einblenden Schichten kopieren 04/14/2021 - 05/05/2021

Datum	Beginn (Uhrzeit)	Ende (Uhrzeit)	Pausendauer	Schichtdefinition	Schichtauslastung	Einsatzzeit	Anzahl der Kapazitäten
Mittwoch, 14. April 2021	07:30:00	16:20:00	0.82 H	SH1	100 %	16.00 H	2
Donnerstag, 15. April 2021	07:30:00	16:20:00	0.82 H	SH1	100 %	16.00 H	2
Freitag, 16. April 2021	07:30:00	16:20:00	0.82 H	SH1	100 %	16.00 H	2
Montag, 19. April 2021	07:30:00	16:20:00	0.81 H	SH1	100 %	16.02 H	2
Dienstag, 20. April 2021	07:30:00	16:20:00	0.81 H	SH1	100 %	16.02 H	2
Mittwoch, 21. April 2021	07:30:00	16:20:00	0.81 H	SH1	100 %	16.04 H	2
Donnerstag, 22. April 2021	07:30:00	16:20:00	0.81 H	SH1	100 %	16.02 H	2
Freitag, 23. April 2021	07:30:00	16:20:00	0.81 H	SH1	100 %	16.02 H	2
Montag, 26. April 2021	07:30:00	16:20:00	0.81 H	SH1	100 %	16.02 H	2
Dienstag, 27. April 2021	07:30:00	16:20:00	0.81 H	SH1	100 %	16.02 H	2
Mittwoch, 28. April 2021	07:30:00	16:20:00	0.81 H	SH1	100 %	16.02 H	2
Donnerstag, 29. April 2021	07:30:00	16:20:00	0.81 H	SH1	100 %	16.02 H	2
Freitag, 30. April 2021	07:30:00	16:20:00	0.81 H	SH1	100 %	16.02 H	2
Montag, 3. Mai 2021	07:30:00	16:20:00	0.81 H	SH1	100 %	16.02 H	2
Dienstag, 4. Mai 2021	07:30:00	16:20:00	0.83 H		100 %	16.00 H	2
Mittwoch, 5. Mai 2021	07:30:00	16:20:00	0.83 H		100 %	16.00 H	2

Abbildung 7.5: Schichten der Arbeitsplätze

7.2 Kapazitätsabgleich

Wir haben im vorhergehenden Abschnitt erkannt, dass am Arbeitsplatz ET-WC-01 in zwei Kalenderwochen die Belastung das zur Verfügung stehende Kapazitätsangebot übersteigt – der Arbeitsplatz ist also überlastet. Sie werden im täglichen Betrieb auf unzählige solcher Situationen stoßen und jede wird etwas anders gestaltet sein. Daher gibt es auch nicht »die eine richtige« Lösung, wie mit solch einer Situation umzugehen ist bzw. der Kapazitätsabgleich auszusehen hat. Wir möchten Ihnen daher in diesem Teil nicht nur eine Transaktion vorstellen, sondern auch einige Möglichkeiten aufzeigen, für die Sie keine neue SAP-Funktion benötigen. Grundsätzlich gibt es zwei Ansätze, wie Sie die Belastung in den überlasteten Wochen reduzieren können:

- Sie können das Kapazitätsangebot erhöhen oder
- den Kapazitätsbedarf reduzieren.

Eine kurzfristige Erhöhung des Kapazitätsangebots können Sie in der Regel auf zwei Arten durchführen: Entweder Sie setzen eine zusätzliche Einzelkapazität ein – diese Option haben Sie zugegebenermaßen nur bei Personenarbeitsplätzen – oder die vorhandenen Arbeitskräfte müssen länger arbeiten, z. B. am Wochenende.

In SAP ERP konnte das Kapazitätsangebot mittels der Transaktion *CR12* nur in mehreren Schritten angepasst werden. Mithilfe der Fiori-App »Kapazitätsangebot verwalten« können Sie dieses im Bereich SCHICHTEN (siehe ❸ in Abbildung 7.2) direkt verändern. Davon ausgehend, dass Ihnen noch drei Schweißer zur Verfügung stehen, die in den drei Wochen der Kapazitätsüberlastung jeweils von Dienstag bis Freitag einsetzbar sind, lässt sich das Kapazitätsangebot entsprechend erhöhen. Sie können die Anzahl der Kapazitäten direkt in der App überschreiben (siehe ❶ in Abbildung 7.6) bzw. mit einem Klick auf den Plus-Button ❷ sogar neue Schichten hinzufügen.

Einträge (13) ❷ + Löschen 04/14/2021 - 04/30/2021

Datum	Beginn (Uhrzeit)	Ende (Uhrzeit)	Pausendauer	Schichtdefinition	Schichtauslastung	Einsatzzeit	Anzahl der Kapazitäten
Mittwoch, 14. April 2021	07:30:00	16:20:00	0.82 H	SH1	100	16.00	2
Donnerstag, 15. April 2021	07:30:00	16:20:00	0.82 H	SH1	100	16.00	2
Freitag, 16. April 2021	07:30:00	16:20:00	0.82 H	SH1	100	16.00	2
Montag, 19. April 2021	07:30:00	16:20:00	0.82 H	SH1	100	40.01	5
Dienstag, 20. April 2021	07:30:00	16:20:00	0.82 H	SH1	100	40.01	5
Mittwoch, 21. April 2021	07:30:00	16:20:00	0.82 H	SH1	100	40.01	❶ 5
Donnerstag, 22. April 2021	07:30:00	16:20:00	0.82 H	SH1	100	40.01	5
Freitag, 23. April 2021	07:30:00	16:20:00	0.82 H	SH1	100	40.01	5
Montag, 26. April 2021	07:30:00	16:20:00	0.82 H	SH1	100	40.01	5
Dienstag, 27. April 2021	07:30:00	16:20:00	0.82 H	SH1	100	40.01	5
Mittwoch, 28. April 2021	07:30:00	16:20:00	0.83 H		100	16.00	5
Donnerstag, 29. April 2021	07:30:00	16:20:00	0.83 H		100	16.00	5
Freitag, 30. April 2021	07:30:00	16:20:00	0.83 H		100	16.00	5

Abbildung 7.6: Arbeitsplatzkapazität ändern

Die Änderung der Auslastungssituation durch die Erhöhung der verfügbaren Kapazität sehen Sie sofort in der grafischen Darstellung der Kapazitätslast (siehe Abbildung 7.7).

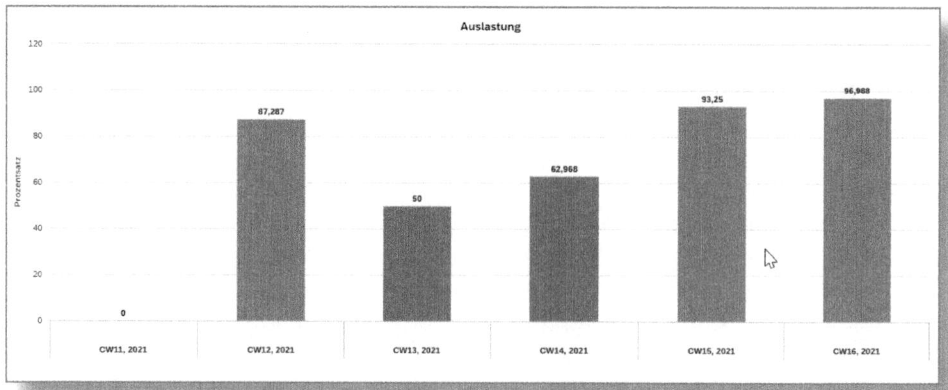

Abbildung 7.7: Auslastung nach Erhöhung der Kapazitäten

Durch den Einsatz von fünf Schweißern anstelle von drei konnten sämtliche Überlasten reduziert und somit die Produktionsengpässe beseitigt werden. Die Produktion ist dadurch (vermutlich) in der Lage, alle Aufträge rechtzeitig zu liefern.

Anstatt einer Änderung des Kapazitätsangebots kann auch eine Anpassung der Kapazitätsbedarfe erfolgen. Hierzu können Sie einen Auftrag entweder auf einem alternativen Arbeitsplatz einplanen oder ihn terminlich verschieben. Das Vorgehen bei letzterer Option wollen wir Ihnen nachfolgend mithilfe der grafischen Plantafel von SAP S/4HANA verdeutlichen.

Die *grafische Plantafel* starten Sie mit der Transaktion *CM21* (auch in S/4HANA muss hier auf diese Transaktion zurückgegriffen werden, da keine entsprechende App verfügbar ist). Im Einstiegsbild geben Sie das WERK *1010*, den ARBEITSPLATZ *ET-WC-01* und die KAPAZITÄTSART *002* ein (siehe Abbildung 7.8).

Nach Bestätigung mit der Eingabetaste öffnet sich die in Abbildung 7.9 dargestellte Übersicht. Der obere Teil des Fensters zeigt die bereits auf dem ARBEITSPLATZ fest eingeplanten Vorgänge. Im unteren Teil sehen Sie den Vorrat an noch nicht eingeplanten AUFTRÄGEN (VORRAT): in unserem Fall diejenigen für das Fahrrad und die Gabel.

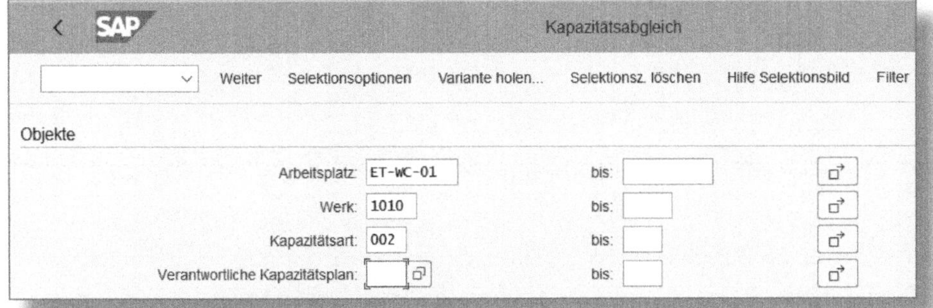

Abbildung 7.8: Selektionsbild Transaktion CM21

Zuerst planen wir einen Auftrag für die Gabel und zwei für das Fahrrad ein. Klicken Sie dazu auf den Vorgang ❶ und anschließend auf das Symbol EINPLANEN (❷, alternativ die Taste F5).

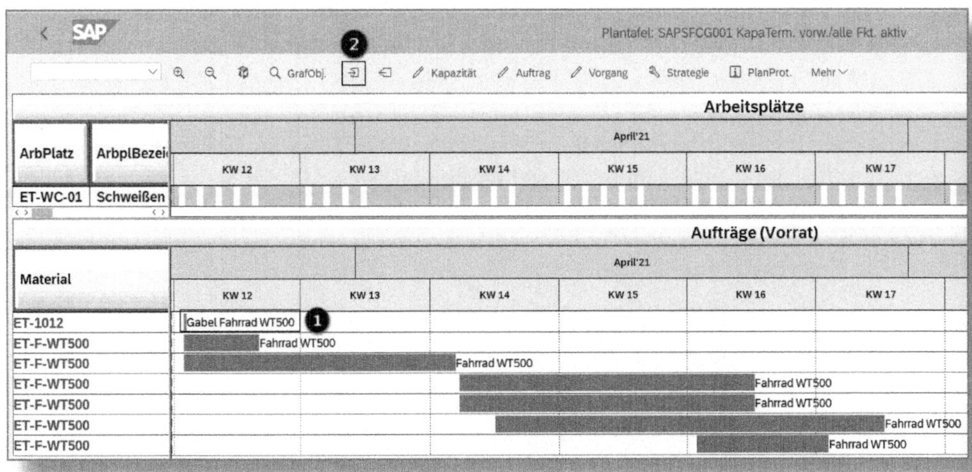

Abbildung 7.9: Grafische Plantafel, Ansicht vor dem Einplanen

Der Balken des Vorgangs befindet sich nun im oberen Bereich der eingeplanten Vorgänge (siehe Abbildung 7.10: erster, ganz kleiner Balken für die Gabel, die zwei größeren Balken daneben stellen die Zeit für die Fahrradfertigung dar).

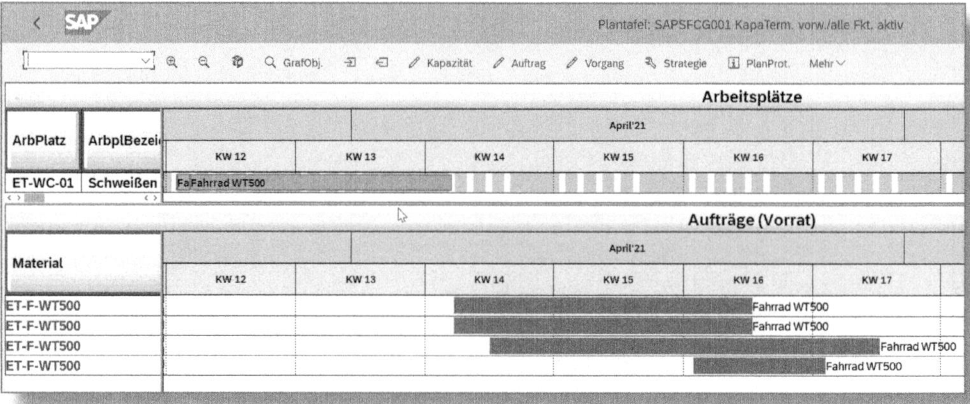

Abbildung 7.10: Grafische Plantafel, Gabel und Fahrrad eingeplant

Da die Gabel und das Fahrrad (1. und 2. Auftrag) im Moment die beiden Einzelkapazitäten des Arbeitsplatzes belegen, findet die Fertigung der weiteren Fahrradaufträge in KW 12 und 13 keinen Platz mehr. Wenn Sie die anderen Vorgänge jetzt einplanen, würde das SAP-System sie automatisch verschieben. In unserem Beispiel werden die Aufträge in KW 14 bis KW 19 eingeplant. Sie sehen in Abbildung 7.11 die Situation, nachdem sämtliche Aufträge eingeplant wurden. Um diese Reihenfolge zu speichern, klicken Sie einfach auf den Sichern-Button, der sich am rechten unteren Bildschirmrand befindet. Erst damit wird die Umterminierung gespeichert.

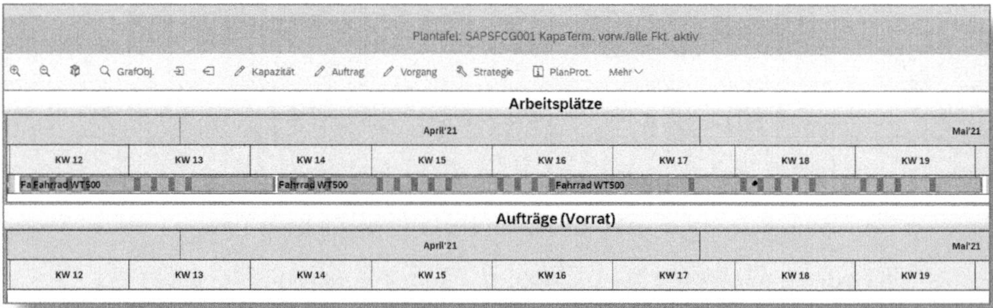

Abbildung 7.11: Grafische Plantafel, alle Aufträge eingeplant

Zur Kontrolle, ob sich die Überlastungssituation wirklich aufgelöst hat, rufen Sie erneut die Fiori-App »Kapazitätsauslastung verwalten« auf. In Abbildung 7.12 sehen Sie, dass auch dieses Vorgehen die Überlastung beseitigt hat.

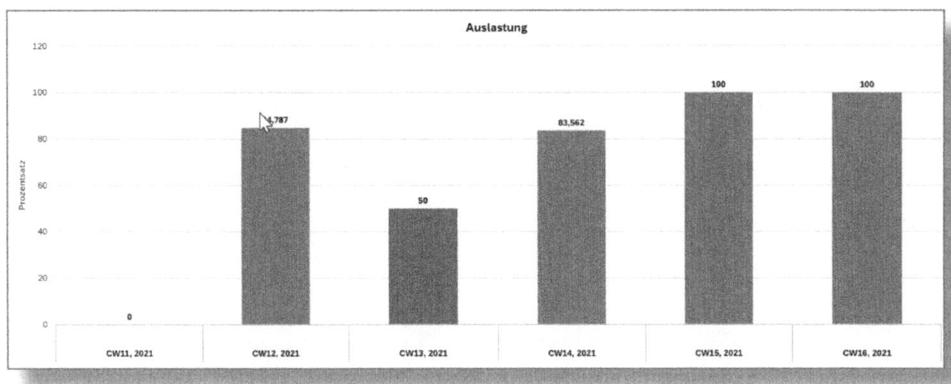

Abbildung 7.12: Kapazitätsauslastung verwalten

8 Zusammenfassung

Für Betriebe aus dem verarbeitenden Gewerbe ist die Produktionsplanung **der** zentrale Prozess; nur wenn dieser effektiv und effizient abgebildet ist, kann ein Fertigungsunternehmen seine Ziele nachhaltig erreichen. Daraus lässt sich eine hohe Relevanz des Moduls PP für diese SAP-Kunden ableiten.

Wir haben versucht, Ihnen in diesem Buch den zugrunde liegenden Planungsansatz sowie dessen Methodik anschaulich zu erläutern. Sie konnten lernen, welche Stammdaten in die Planungsprozesse involviert und wie sie aufgebaut sind. Mithilfe unseres Fahrrad-Beispiels waren Sie in der Lage, die Absatz- und Produktionsgrobplanung sowie die Mengenbedarfsrechnung zu verfolgen und deren Ablauf nachzuvollziehen. Wir haben Ihnen dargelegt, wie wichtig Fertigungsaufträge für die losgebundene Produktion sind und welche Funktionen durch sie ausgeführt werden. Schlussendlich konnten Sie sich Wissen darüber aneignen, wie mithilfe des Kapazitätsabgleichs in SAP S/4HANA eine kapazitive Reihenfolgeplanung realisiert werden kann.

In dieser Neuauflage wurde darauf fokussiert, wie die Produktionsplanungsprozesse in S/4HANA mit Fiori-Apps durchgeführt werden und welche neuen Funktionalitäten damit einhergehend nutzbar sind. Hier sind besonders die Auswertungsmöglichkeiten und grafischen Darstellungen positiv hervorzuheben. Wir hoffen, dass Ihnen dieses Buch etwas die Angst vor einem Umstieg auf SAP S/4HANA nehmen konnte. Denn die grundlegenden Prozesse im Modul PP haben sich nicht geändert. Die deutlich geringe Zeitdauer des MRP-Laufs sowie die erweiterten Optionen mit dem Einsatz von Fiori-Apps sind unserer Meinung nach ein gutes Motiv, SAP S/4HANA einzusetzen.

Sie haben sich für dieses Buch entschieden, weil Sie einen Schnelleinstieg und eine Übersicht gesucht haben. Beim Lesen des Buches wurde Ihnen sicherlich bewusst, dass die Planungsprozesse viel detaillierter sind, als es im Rahmen einer Einführung dargestellt werden kann. Es wäre ohne Weiteres möglich, zu jedem Kapitel ein eigenes Buch zu füllen.

Falls Sie sich nach der Lektüre noch tiefgründiger mit der Thematik beschäftigen möchten, so können wir Ihnen nur empfehlen, sich in eigenen praktischen Übungen auszuprobieren. Bleiben Sie neugierig!

Wie auch immer: Wir freuen uns, wenn wir Ihnen mit dem in diesem Buch vermittelten Grundlagenwissen eine gute Ausgangsbasis für Ihre detailliertere, weiterhin interessierte Beschäftigung mit dem Thema »Produktionsplanung« schaffen konnten.

Sie haben das Buch gelesen und sind mit unserem Werk zufrieden? Bitte schreiben Sie uns eine Rezension!

A Übersicht Transaktionen / Fiori-Apps

Die folgende Tabelle stellt die in diesem Buch verwendeten SAP-GUI-Transaktionen den entsprechenden Fiori-Apps gegenüber. Für einige wenige Transaktionen sind noch keine Fiori-Apps entwickelt worden bzw. es existieren Fiori-Apps ohne äquivalente Transaktionen in der SAP GUI. Eine Liste aller aktuellen Fiori-Apps finden Sie in der in Abschnitt 2.1 angesprochenen Fiori Apps Library.

TRANSAKTION	FIORI-App
CA01 – Normalarbeitspläne anlegen	Arbeitsplan anlegen
CA02 – Normalarbeitspläne ändern	Arbeitsplan ändern
CA03 – Normalarbeitspläne anzeigen	Arbeitsplan anzeigen
CM01 – Kapazitätsauswertung Belastung	Arbeitsplatzkapazität verwalten
CM02 – Kapazitätsauswertung Aufträge	Arbeitsplatzkapazität verwalten
CM21 – Kapazitätsabgleich Plantafel grafisch	
CO01 – Fertigungsauftrag mit Material anlegen	Fertigungsauftrag anlegen
CO02 – Fertigungsauftrag ändern	Fertigungsauftrag ändern
CO03 – Fertigungsauftrag anzeigen	Fertigungsauftrag anzeigen
CO05N – Sammelfreigabe Fertigungsauftrag	Fertigungsaufträge freigeben
CO11N – Lohn-Rückmeldeschein erfassen	Fertigungsauftragsvorgang rückmelden
	Fertigungsaufträge bearbeiten
CO41 – Sammelumsetzung PAUF in FAUF	Planaufträge umsetzen
CR01 – Arbeitsplatz anlegen	Arbeitsplatz anlegen

TRANSAKTION	FIORI-App
CR02 – Arbeitsplatz ändern	Arbeitsplatz ändern
CR03 – Arbeitsplatz anzeigen	Arbeitsplatz anzeigen
CR12 – Kapazität ändern	Ändern Kapazität
CR13 – Kapazität anzeigen	Anzeigen Kapazität
CS01 – Materialstückliste anlegen	Stückliste anlegen
CS02 – Materialstückliste ändern	Stückliste ändern
CS03 – Materialstückliste anzeigen	Stückliste anzeigen
	Stückliste pflegen
MC35 – Grobplanungsprofil anlegen	
MC36 – Grobplanungsprofil ändern	
MC37 – Grobplanungsprofil anzeigen	
MC75 – Übergabe an die Programmplanung (Produktgruppe)	
MC81 – Planung für Produktgruppe anlegen	
MC82 – Planung für Produktgruppe ändern	
MC83 – Planung für Produktgruppe anzeigen	
MC84 – Produktgruppe anlegen	
MC85 – Produktgruppe anzeigen	
MC86 – Produktgruppe ändern	
MD04 – Bedarfs-/Bestandsliste	Bedarfs-/Bestandsliste überwachen
MD05 – Dispoliste	Bedarfs-/Bestandsliste überwachen
MD06 – Dispoliste Sammelanzeige	Bedarfs-/Bestandsliste überwachen
MD07 – Bedarfs-/Bestandsliste Sammelanzeige	Bedarfs-/Bestandsliste überwachen
MD44 – Planungssituation Material	
MD48 – Planungssituation alle Werke	
MD61 – Planprimärbedarf anlegen	Planprimärbedarfe anlegen
MD62 – Planprimärbedarf ändern	Planprimärbedarfe ändern

TRANSAKTION	FIORI-App
MD63 – Planprimärbedarf anzeigen	Planprimärbedarfe anzeigen
	Planprimärbedarfe pflegen
MIGO – Warenbewegung erfassen	Warenbewegung buchen
	Wareneingang zum Fertigungsauftrag buchen
MM01 – Material anlegen (sofort)	Material anlegen
MM02 – Material ändern (sofort)	Material ändern
MM03 – Material anzeigen (akt. Stand)	Material anzeigen

B Die Autoren

Björn Weber ist SAP Inhouse Consultant bei der Unternehmensgruppe Theo Müller, zunächst als IT-Verantwortlicher für die SAP-Module PP und PP-PI, heute als Enterprise Architect. Er verfügt über detailliertes Fachwissen in den Bereichen Prozessanalyse, Lean Management sowie Produktions- und Kapazitätsplanung. Er unterstützt in seiner Funktion europaweit die Fachbereiche bei der Umsetzung von Projekten für den Aufbau und die Optimierung neuer bzw. bestehender Geschäftsprozesse.

Zuvor war er als Produktionsplaner bei der Röhm GmbH, einem der weltweit führenden Hersteller für Spanntechnik, tätig und dort als Projektleiter für die Weiterentwicklung der Planungsorganisation und -prozesse im Zusammenspiel des SAP ERP und der Feinplanungssoftware wayRTS zuständig.

Als Autor ist es ihm besonders wichtig, Expertenkenntnisse möglichst praxisnah und gut verständlich zu vermitteln und die Leser mit den Möglichkeiten zu fesseln, die beispielsweise der Umgang mit SAP für die Weiterentwicklung in Unternehmen bietet, gerade in Zeiten sich wandelnder Märkte. Privat widmet er sich gern politischer und zeitgenössischer Literatur oder seinem großen Hobby: der Fotografie.

Ebenfalls im Verlag Espresso Tutorials erschienen ist sein Buch »Bedarfsplanung in der Produktion mit SAP® PP«.

Nikolaus Fankhauser arbeitet als Freelancer im Bereich der SAP-Beratung. Neben dem Modul PP, in dem er die Zertifizierung »SAP Certified Application Associate – Production Planning & Manufacturing with SAP ERP 6.0 EHP 7« besitzt, ist er auch als Berater für die Module MM und SD tätig. In seiner Tätigkeit als SAP-Logistik-Berater verbindet er gerne seine Programmierkenntnisse in ABAP mit dem Fachwissen zu den einzelnen Modulen, um so möglichst alles aus einer Hand liefern zu können.

Als Autor ist es ihm wichtig, dem Leser durchgängige Prozesse zu vermitteln, um komplexe Themen möglichst einfach darzustellen. Dabei präsentierte Beispiele sind von großer Praxisnähe, damit sich viele Leser darin wiederfinden können.

Privat genießt er seine Zeit gerne in der Natur, hier besonders in der österreichischen Bergwelt, beim Fußball- bzw. Gitarrenspiel und mit der Familie.

C Index

G

H

K

L

M

N

O

P

R

S

T

U

V

W

D Disclaimer

Die in diesem Werk wiedergegebenen Gebrauchsnamen, Handelsnamen, Warenbezeichnungen usw. können auch ohne besondere Kennzeichnung Marken sein und als solche den gesetzlichen Bestimmungen unterliegen. Sämtliche in diesem Werk abgedruckten Bildschirmabzüge unterliegen dem Urheberrecht der SAP SE, Dietmar-Hopp-Allee 16, 69190 Walldorf.

In dieser Publikation wird auf Produkte der SAP SE Bezug genommen. SAP, R/3, SAP NetWeaver, Duet, PartnerEdge, ByDesign, SAP BusinessObjects Explorer, StreamWork und weitere im Text erwähnte SAP-Produkte und -Dienstleistungen sowie die entsprechenden Logos sind Marken oder eingetragene Marken der SAP SE in Deutschland und anderen Ländern. Business Objects und das Business-Objects-Logo, BusinessObjects, Crystal Reports, Crystal Decisions, Web Intelligence, Xcelsius und andere im Text erwähnte Business-Objects-Produkte und -Dienstleistungen sowie die entsprechenden Logos sind Marken oder eingetragene Marken der Business Objects Software Ltd. Business Objects ist ein Unternehmen der SAP SE. Sybase und Adaptive Server, iAnywhere, Sybase 365, SQL Anywhere und weitere im Text erwähnte Sybase-Produkte und -Dienstleistungen sowie die entsprechenden Logos sind Marken oder eingetragene Marken der Sybase Inc. Sybase ist ein Unternehmen der SAP SE. Alle anderen Namen von Produkten und Dienstleistungen sind Marken der jeweiligen Firmen. Die Angaben im Text sind unverbindlich und dienen lediglich zu Informationszwecken. Produkte können länderspezifische Unterschiede aufweisen.

Der SAP-Konzern übernimmt keinerlei Haftung oder Garantie für Fehler oder Unvollständigkeiten in dieser Publikation. Der SAP-Konzern steht lediglich für SAP-Produkte und -Dienstleistungen nach der Maßgabe ein, die in der Vereinbarung über die jeweiligen Produkte und Dienstleistungen ausdrücklich geregelt ist. Aus den in dieser Publikation enthaltenen Informationen ergibt sich keine weiterführende Haftung.

Weitere Bücher von Espresso Tutorials

Björn Weber:

Bedarfsplanung in der Produktion mit SAP® PP

- Analyse der Bedarfs-/Bestandssituation
- Customizing der Bedarfsplanung
- Zusammenhänge zwischen den Werksparametern
- Durchführung der Planungsprozesse

http://5057.espresso-tutorials.de

Paul-Werner Neiss:

Schnelleinstieg in SAP S/4HANA® EAM – Anlagenmanagement

- Minimierung des Ausfallrisikos mittels geplanter Instandhaltung
- Schadenbeseitigung durch ausfallbedingte Instandhaltung
- Darstellung von Stammdaten und Prozessen der Instandhaltung in Fiori-Apps
- Arbeiten mit Meldungen und Instandhaltungsaufträgen

http://5423.espresso-tutorials.de